COLEÇÃO **ESTUDOS VAZ**IANOS

COLEÇÃO **ESTUDOS VAZ**IANOS

Diretora: Cláudia Maria Rocha de Oliveira
Faculdade Jesuíta de Filosofia e Teologia
Av. Dr. Cristiano Guimarães, 2127
31720-300 Belo Horizonte, MG
T 55 31 3115 7000
www.faculdadejesuita.edu.br

Savio Gonçalves dos Santos

Bioética Dialógica

Uma contribuição a partir da filosofia de Lima Vaz

Edições Loyola

Dados Internacionais de Catalogação na Publicação (CIP)
(Câmara Brasileira do Livro, SP, Brasil)

Santos, Savio Gonçalves dos
   Bioética dialógica : uma contribuição a partir da filosofia de Lima Vaz / Savio Gonçalves dos Santos. -- São Paulo : Edições Loyola, 2023. -- (Coleção estudos Vazianos)

   Bibliografia.
   ISBN 978-65-5504-305-1

   1. Bioética 2. Ética 3. Fenomenologia 4. Filosofia 5. Vaz, Henrique Cláudio de Lima, 1921-2002 I. Título. II. Série.

23-176201   CDD-174.2

Índices para catálogo sistemático:
1. Bioética   174.2

Cibele Maria Dias - Bibliotecária - CRB-8/9427

Conselho editorial
Elton Vitoriano Ribeiro (FAJE)
Juvenal Savian Filho (Unifesp)
Manfredo Araújo de Oliveira (UFC)
Marcelo Fernandes de Aquino (FAJE)
Marcelo Perine (PUC-SP)
Miriam Campolina Diniz Peixoto (UFMG)

Preparação: Paulo Fonseca
Projeto gráfico: Walter Nabas (capa)
Capa: Ronaldo Hideo Inoue
   (execução a partir do projeto gráfico
   original de Walter Nabas)
Diagramação: Sowai Tam

Edições Loyola Jesuítas
Rua 1822 n° 341 – Ipiranga
04216-000 São Paulo, SP
T 55 11 3385 8500/8501, 2063 4275
editorial@loyola.com.br
vendas@loyola.com.br
www.loyola.com.br

Todos os direitos reservados. Nenhuma parte desta obra pode ser reproduzida ou transmitida por qualquer forma e/ou quaisquer meios (eletrônico ou mecânico, incluindo fotocópia e gravação) ou arquivada em qualquer sistema ou banco de dados sem permissão escrita da Editora.

ISBN 978-65-5504-305-1

© EDIÇÕES LOYOLA, São Paulo, Brasil, 2023

Em memória de meu pai Uível.

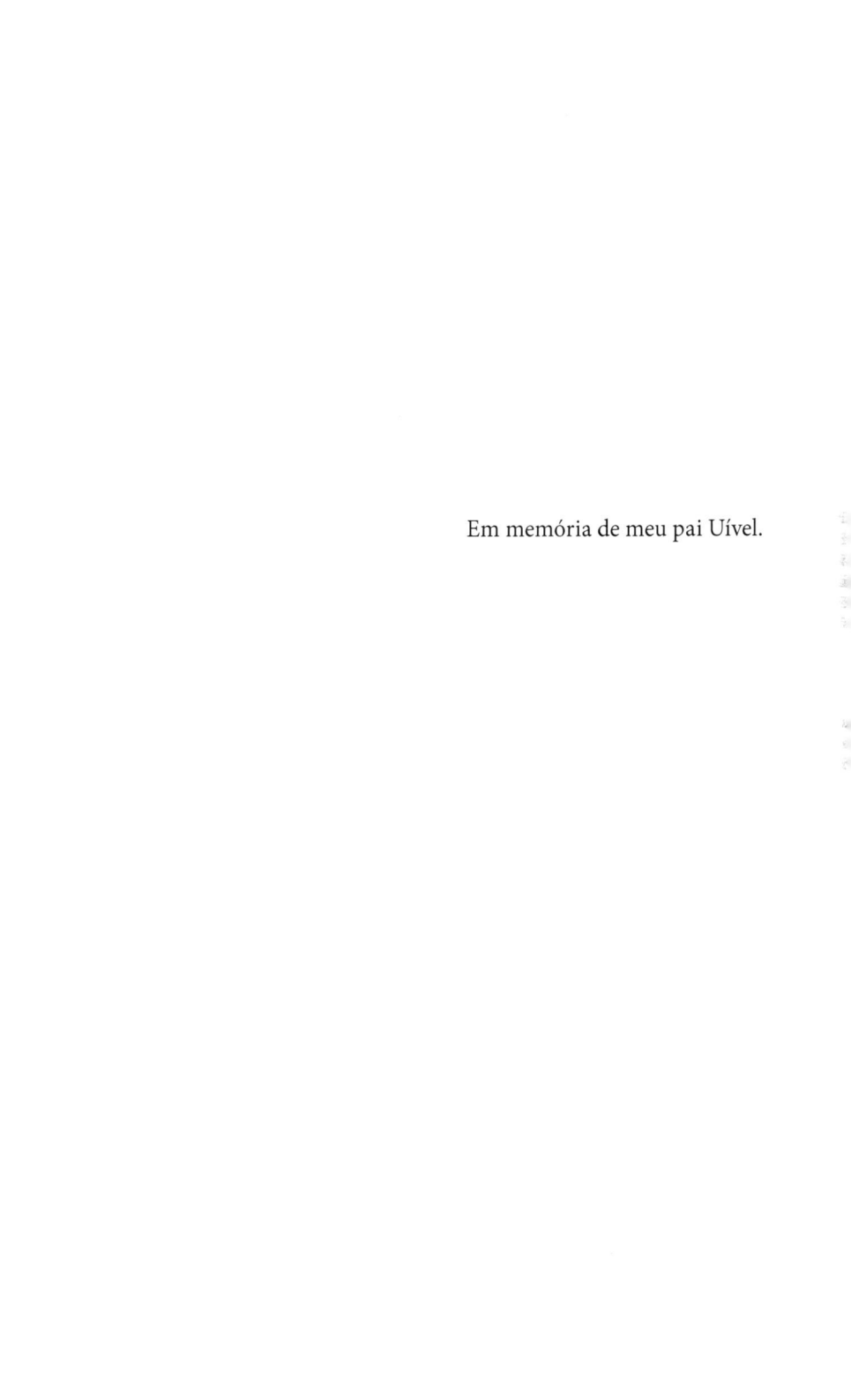

Sumário

Introdução 9

PRIMEIRA PARTE
Lima Vaz: um filósofo do seu tempo 19

CAPÍTULO 1
Henrique Cláudio de Lima Vaz 21

CAPÍTULO 2
Influências filosóficas do pensamento de Lima Vaz 33
   2.1. Cronologia filosófica e estrutura reflexiva vaziana 37
   2.2. *Méthodos* dialético 50

CAPÍTULO 3
Fenomenologia da modernidade 53

CAPÍTULO 4
Aspectos fundantes da *modernidade* 63
   4.1. Os traços intelectuais da *modernidade* 68
   4.2. A (in)consciência do tempo 72

CAPÍTULO 5
O enigma da modernidade 77

CAPÍTULO 6
A crise da modernidade 87
6.1. *Niilismo* metafísico 92
6.2. *Niilismo* ético 93
6.3. Entre a transcendência e o transcendente 98
6.4. Memória do ser e o futuro da metafísica 101

SEGUNDA PARTE
A *Bioética Dialógica*: o tempo no conceito 105

CAPÍTULO 7
Entre a dialética e a dialogia 107
7.1. Da dialética à dialógica 114

CAPÍTULO 8
Bioética Dialógica: a dignidade da vida e o conceito no tempo 125
8.1. A *Bioética Dialógica* e uma epistemologia da
dignidade humana para a América Latina: a urgência
do modelo Sul-Mundo 145

Conclusão 151

Referências 157

Introdução

O surgimento de bases epistemológicas bioéticas em países periféricos, motivada pela conjuntura de revisão crítica da bioética promovida nos anos 1990[1], bem como a ampliação dessas disposições até o tempo presente, possibilitou o eclodir de inúmeras reflexões e propostas de ação. Movida por profissionais das mais variadas áreas, a bioética latino-americana atingiu seu ápice na conquista de um modelo multi-intertransdisciplinar[2], disposto na *Declaração Universal sobre Bioética e Direitos Humanos* (DUBDH)[3], da Unesco, aprovada em 2005 pelo Comitê Intergovernamental de Bioética[4].

Mais do que um conjunto de disposições fundamentais, ou mesmo universais, para a orientação da bioética, a DUBDH abriu espaço para análises e discussões que vão muito além da proposta primeira de Van Rensselaer Potter, considerado por muitos[5] o criador do neologismo "bioética".

---

[1] GARRAFA, V., Bioética, in: GIOVANELLA, L. et al. (org.), *Políticas e sistema de saúde no Brasil*, Rio de Janeiro, Fiocruz, ²2012, 744.
[2] A escolha pela utilização do termo multi-intertransdisciplinar, apesar de não universal, vai ao encontro do que se pretende com o presente texto: apresentar uma bioética sul-sul, sul-mundo. Exatamente por tal finalidade, a opção recai sobre um autor brasileiro: Volnei Garrafa. Sobre isso, cf. ibid., 740.
[3] UNESCO, *Declaração Universal sobre Bioética e Direitos Humanos*, Paris, UNESCO, 2005.
[4] CRUS, M. R. et al., A Declaração Universal sobre Bioética e Direitos Humanos. Contribuições ao Estado brasileiro, *Revista Bioética*, v. 18, n. 1 (2010) 93-107, aqui 96.
[5] A discussão acerca da paternidade da bioética permanece em aberto, pois há quem atribua a criação do neologismo a Fritz Jahr, teólogo alemão, que apontou

Em suas disposições, Potter propunha estabelecer uma vinculação entre a visão humanista e a científica, tendo como finalidade alcançar a sobrevência do humano.

Nascida na segunda metade do século XX, a bioética é fruto do seu tempo e busca responder aos questionamentos que daí derivam. Especificamente, é possível apontar alguns aspectos que fundamentam sua ação, ou tentam justificar sua existência: a alta complexidade dos acontecimentos presentes na sociedade; a dificuldade em apresentar um método que seja capaz de conduzir o humano, em todos os âmbitos e aspectos, para um futuro possível; conciliar a sobrevida do humano, sua dignidade e humanidade, sem perder de vista a capacidade de produção prático-científica[6].

As propostas e os desafios da bioética global acabaram por alcançar a realidade latino-americana. A impossibilidade de se criar um modelo universal que servisse de caminho para os diversos povos e costumes, fez com que a bioética se convertesse em bioéticas[7], passando a considerar a diversidade cultural e a pluralidade dos contextos históricos de cada nação[8]. Exatamente por esses motivos é que a bioética não está restrita às disposições teórico-conceituais oriundas de seus especialistas e epistemólogos denominados "bioeticistas". Inicialmente, porque não há como explicar a bioética somente pela bioética; depois, porque, pela sua condição multi-intertransdisciplinar, ela acaba se apoiando em outras áreas que agregam fundamento às suas posições, demarcando suas bases epistemológicas[9]. Evidentemente, a bioética apresenta por si mesma referenciais próprios e argumentos sólidos, contudo, o que se quer evidenciar é que há, em suas características, uma abertura para a participação e contribuição de variadas áreas

---

a necessidade da ligação da bioética com as obrigações éticas no que diz respeito a todos os seres vivos. Contudo, é comumente aceita a origem a partir de Potter. Sobre essa questão, cf. GARRAFA, V., Bioética, 741.
6 SCHRAMM, F. R., A bioética, seu desenvolvimento e importância para as ciências da vida e da saúde, *Revista Brasileira de Cancerologia*, v. 48, n. 4 (2002) 609-615, aqui 609-610.
7 GARRAFA, V., Bioética, 746.
8 Há disposições críticas em relação à geração de novos modelos bioéticos. O debate argumenta que tal prática enfraquece a ideia original e a finalidade da bioética, contudo, é importante ressaltar que o alcance e a aplicabilidade precisam ser viáveis para cada realidade e contexto. Por isso mesmo, a adaptação das teorias, conceitos e práticas se torna uma ação necessária.
9 GARRAFA, V., Bioética, 746.

do conhecimento – e, no caso específico deste livro, a filosofia, em particular a de Henrique Cláudio de Lima Vaz.

A contribuição da filosofia para a bioética pode se resumir, como defendem alguns especialistas, à utilização da ética prática como meio pelo qual se estabelece a ação da bioética – comumente chamada de bioética aplicada[10]. Entretanto, a posição assumida neste trabalho não coaduna com tal entendimento, uma vez que a filosofia não pode, e não deve, resumir-se à mera prática regulatória. Admitindo que somente pela filosofia é que se consegue explicar o contexto cultural no qual se insere o humano – um dos aspectos abordados neste livro –, a busca por respostas e entendimento das *aporias* daí advindas passam, necessariamente, pela filosofia e suas disposições teórico-conceituais. Assim, a filosofia se apresenta como meio pelo qual a bioética se estrutura, logo, aqui se funda a origem da presente discussão. Apesar da ousadia, é impossível afastar a filosofia da questão, pois é dela que depreende a capacidade de interpretação e crítica do tempo presente.

Ao longo dos anos de pesquisa e estudo acerca da bioética, foi possível encontrar alguns questionamentos que, em sua maioria, não são solucionados; ou mesmo aspectos epistemológicos que carecem de fundamentação, o que se apresenta como um fator motor da *Bioética Dialógica*. Pelo pouco tempo de criação e atuação – uma vez que data de 1971 –, é preciso considerar a bioética uma disciplina em formação quando comparada a outras áreas do conhecimento humano. Uma segunda ponderação motivacional refere-se ao fato de que alguns filósofos têm levado a filosofia para o campo da mera repetição epistemológica, não promovendo o avanço em algumas discussões, pensamentos e análises, aliando-a ao modismo contemporâneo. Por vezes, ela acaba reduzida à satisfação egoica e explicações simplista, unidas a inúmeras mudanças comportamentais e atitudinais do humano, que trouxeram consequências não só biológicas, biotecnológicas, sociais ou ambientais, mas racionais, filosóficas, valorais e morais. Diante disso, a bioética tem suas bases modificadas, passando a depender, obrigatoriamente, da ação consciente que mantém a vida numa adequação aos questionamentos contemporâneos, bem como suportando as rápidas transformações conceitual e prática hodiernas. A deontologia e as disposições morais passam

---

10 Ibid., 747.

assim a ser fundamentos contemporâneos da bioética, visando a sua universalização e a garantia da dignidade humana. A bioética se automatiza e perde a capacidade crítica; converte-se em mera reguladora técnica.

A incapacidade e a impossibilidade de alcançar um modelo bioético ideal – ou mesmo manter suas bases e fundamentos –, inclusive pela urgência e necessidade que caracterizam o tempo presente, levaram à eclosão de modelos limitados ou regionalizados. Em muitos desses casos, há, de fato, uma preocupação em se manter a ideia original da preocupação com a realidade humano-bio-sócio-ambiental, atrelando à cultura humanista a prática científica. Em outros, porém, as disposições conceituais acabam servindo em contextos específicos, não cumprindo com os princípios fundantes da bioética de Potter, ou propondo soluções para questões particulares, em países que possuem realidades distintas, normalmente idealizadores dos modelos adotados como corretos, especialmente pelo seu posicionamento geopolítico. Tais questões acabam por alcançar a realidade latino-americana, na qual esses modelos não conseguem suster as diversas realidades e necessidades. Nesse sentido, cumpre ressaltar o primoroso trabalho dos pesquisadores latino-americanos que se esforçaram, e se esforçam, para criar modelos funcionais aplicados à realidade local dos países periféricos[11]. Tais modelos não se propõem criar rusgas e promover desacordos, mas antes caminham no sentido de desenvolver formas de solucionar os problemas que se encontram na particularidade apontando contribuições para questões gerais. É dentro desse contexto de contribuição para a bioética latino-americana – que se desdobra na global – que se insere o presente livro.

Trata-se de uma discussão teórica disposta nos Fundamentos de Bioética e Saúde Pública, especificamente nas Bases Epistemológicas da Bioética. Entretanto, a proposta aqui presente não se apoia meramente em disposições conceituais clássicas, sejam elas da bioética ou da filosofia, mas visa alcançar uma fundamentação teórica nas obras de Lima Vaz, portanto, adotando

---

[11] A proposição da classificação em países centrais (os do Norte) e periféricos (os do Sul) obedece a uma construção teórica de Volnei Garrafa e Cláudio Lorenzo, presente no artigo *Imperialismo moral e ensaios clínicos multicêntricos em países periféricos*, de 2008. Para tal, cf. GARRAFA, V.; LORENZO, C., Imperialismo moral e ensaios clínicos multicêntricos em países periféricos, *Cadernos de Saúde Pública*, v. 24, n. 10 (2008) 2219-2226, aqui 2220-2221.

um pensador brasileiro e alinhando o livro com a epistemologia crítica – filosofia e bioética – do Sul para o Sul[12]; Sul-Mundo. Dessa forma, as obras de Lima Vaz foram estudadas de maneira profunda, bem como a de seus principais comentadores e comentadoras. A grande dificuldade, constatada a partir das leituras, deu-se na impossibilidade de, num primeiro momento, se encontrar alguma menção aprofundada do autor à bioética em si, cuja exposição resume-se a duas páginas de seus *Escritos de filosofia III. Filosofia e cultura*[13]. Graças à intermediação de Gabriele Cornelli – a quem sou extremamente grato pelo auxílio na composição desta obra – e à gentileza da Companhia de Jesus – na pessoa do padre Delmar Cardoso, a quem se dirige, de maneira direta, os agradecimentos –, foi possível acessar o Memorial Padre Vaz, na Faculdade Jesuíta de Filosofia e Teologia, em Belo Horizonte. Com o auxílio das bibliotecárias Zita Mendes e Vanda Bettio, as pesquisas se estenderam por 3 dias inteiros, na seção restrita do Memorial, onde foi possível consultar todos os manuscritos originais, bem como áudio e videoaulas do padre Lima Vaz. Um a um os materiais foram repassados e analisados, tendo encontrado, no último dia de incursão, algumas anotações específicas do autor acerca da bioética[14], datadas de 1987, além de um artigo específico[15] publicado nos *Cadernos de Bioética*, da Pontifícia Universidade Católica de Minas Gerais, em 1993 – hoje fora de circulação. Percebe-se, assim, a atualidade do pensamento de Lima Vaz mesmo com uma questão extremamente nova e limitada – teoricamente – aos referenciais anglo-saxões.

A concretização deste livro se deu a partir das posições dispostas tanto nos manuscritos quanto no artigo de autoria de Lima Vaz. Dessa forma, as análises aqui presentes partem da compreensão tanto de seu pensamento quanto de seus escritos, enquanto forma de organização metodológica de suas ideias e sistematização de sua filosofia, que se convertem,

---

[12] ALMEIDA, S. S. de; LORENZO, C. F. G., A cooperação Sul-Sul em saúde, segundo organismos internacionais, sob a perspectiva da bioética crítica, *Revista Saúde e Debate*, v. 40, n. 109 (2016) 175-186, aqui 176-177.
[13] VAZ, H. C. de L., *Escritos de filosofia II. Ética e cultura*, São Paulo, Loyola, ⁵2013, 221-222.
[14] VAZ, H. C. de L., *Fichas 071-072. Varia V e VI*, Belo Horizonte, FAJE, 1987.
[15] Cf. VAZ, H. C. de L., O ser humano no Universo e a dignidade da vida. *Cadernos de Bioética*, v. 1, n. 2 (1993a) 27-41.

então, nas bases sólidas para a proposição de uma bioética do sul[16], e, em específico, em nossa *Bioética Dialógica: uma contribuição a partir da filosofia de Lima Vaz*.

As primeiras análises[17] realizadas não são especificamente dos materiais encontrados no Memorial, mas, sim, da vida e das obras de Lima Vaz, o que se apresenta no primeiro capítulo. Procedimento necessário dada a estreita relação entre os acontecimentos históricos gerais, os específicos da vida de Lima Vaz e sua produção filosófica, alinhada à história da América Latina. À medida que sua formação era construída, ele passava a estudar autores e linhas teóricas específicas, que influenciavam diretamente sua filosofia, e, por decorrência, sua proposta de bioética.

O segundo momento é dedicado não só à apresentação dos principais teóricos e influenciadores de Lima Vaz como também a demonstrar de que forma esses pensadores acabaram por determinar suas posições e conceituações filosóficas. Aqui é preciso ressaltar a importância de Platão, Aristóteles, Agostinho, Tomás de Aquino, Hegel e Teilhard de Chardin.

A terceira parte é dedicada à apresentação de sua cronologia filosófica, especialmente por conta dos inúmeros textos, reflexões e produções que por ele foram construídas. Dentro desse aspecto, há uma dedicação, em específico, à estrutura do pensamento de Lima Vaz, que acaba por seguir um caminho analítico diferente do de seus principais comentadores, por força da compreensão particular, objeto do presente livro. Essa análise estrutural é necessária para a sustentação do modelo bioético em pauta, fundado na filosofia crítica de Lima Vaz. Nessa mesma terceira parte, apresenta-se a disposição estrutural e explicativa do método filosófico utilizado por Lima Vaz para construir sua prática filosófica: à luz da dialética platônica, ele caminha para a proposição de um resgate da metafísica na contemporaneidade, um dos motivadores de suas pesquisas. Uma vez compreendido o caminho dialético de Lima Vaz, o trabalho avança para o estopim do pensamento vaziano: a

---

16 Há críticas contundentes sobre a criação de diversas "bioéticas" contextualizadas por região. Entretanto, cumpre destacar que o objetivo aqui não é enfraquecer a proposta ou mesmo a ação da bioética em si, mas demonstrar a possibilidade de uma epistemologia do sul, fundada no pensamento de um grande filósofo brasileiro. Essa prática leva o nome de decolonialidade.

17 Cumpre observar que, por exigência da Companhia de Jesus, há limitação de uso dos materiais inéditos de Lima Vaz.

modernidade. Lima Vaz postula a existência de uma crise da modernidade, que acaba por afetar toda a vida humana e que, portanto, a ameaça. O ponto de partida encontra-se na construção de uma fenomenologia dessa modernidade, partindo das influências teóricas recebidas por ele. Para tanto, este livro volta suas análises para os fundamentos das obras de Lima Vaz com o intuito de compreender e demonstrar como ele chega à compreensão da chamada *crise da modernidade*, o que se verá posteriormente.

Tomada a modernidade, suas características e eventos como aspecto central, a parte seguinte é dedicada a constatar o fato gerador da crise da modernidade. O presente livro acaba por divergir, mais uma vez, do entendimento dos comentadores e das comentadoras das obras de Lima Vaz e, de forma fundamentada, aponta para a incompreensão do tempo como causa dessa crise, o que gera o *enigma da modernidade* vaziano, a quinta parte.

A quarta parte é dedicada a apresentar o resultado dessa incompreensão e desse enigma: a crise. As consequências da crise são debatidas de forma aprofundada, focando no ponto nevrálgico: o espraiar do *niilismo* metafísico, que acaba por fazer surgir o *niilismo ético*, também objeto de análise deste livro. Assim, em complemento, há aspectos tratados de forma específica, dedicados a solidificar o caminho para as questões bioéticas: a transcendência e o futuro da metafísica.

A quinta parte se forma como uma solução que é paulatinamente construída pelos caminhos filosóficos. Num primeiro momento, são dispostos os entendimentos de Lima Vaz acerca do que é dialética, especificamente por se apresentar como o método de formação do conhecimento filosófico. O método dialético é o único meio pelo qual é possível, com base na razão filosófica, analisar e compreender a modernidade. Somente a filosofia, pela dialética, é capaz de explicar as questões histórico-culturais da contemporaneidade, dispondo alguma solução para a *crise da modernidade* e para o *niilismo*.

A sexta parte coloca a dialógica como objeto de análise, propondo a sua condição teórica como um caminho para a construção dialética. A disposição de aspectos formadores da dialética de Lima Vaz aponta para a interdependência desses e a direta condição necessária para a explicação do humano, dúvida permanente da filosofia. A resposta a essa dúvida, encontrada nos textos de Lima Vaz, perpassa pela dignidade humana, o fundamento da *Bioética Dialógica*.

A parte final é dedicada à exposição da *Bioética Dialógica*, ponto central da sustentação do presente livro. Essa definição é originária dos pensamentos filosóficos e bioéticos de Lima Vaz, com as disposições teórico-conceituais da dialógica e a contraposição dos aqui chamados problemas da bioética. A proposta é apresentar um caminho para o resgate da ética filosófica no tempo presente à luz da metafísica, bem como criar um modelo de bioética que auxilie na sobrevivência do humano, o que, no entendimento deste livro, passa, necessariamente, pela dignidade humana – caminho para a resolução dos problemas da bioética. A reorientação da ética para a *práxis* (ação) e *energeia* (perfeição) do sujeito, deixando a *techne* (produção) e a *energeia* (perfeição) das normas para a moralidade, faz-se um meio para se alcançar a dignidade e apresentar um *ethos* para a contemporaneidade. Reorientar o sujeito para a busca do *Bem* (virtude) e de um *Fim* (Absoluto) é o caminho da *Bioética Dialógica*. Isso só será possível a partir da compreensão do conhecimento, da ação e do ser do humano, como determina Lima Vaz, e a relação desses com a natureza, com a vida e com o homem em si. Essa interdependência dos aspectos formativos – daí a dialógica na dialética – é o que fundamenta a *Bioética Dialógica*.

A justificativa para a construção deste livro, bem como sua apresentação como um resgate da ética e proposição de bioética, encontra-se nos três motivos que fundamentam a epistemologia da Bioética, nas palavras de Volnei Garrafa:

> 1) Uma estrutura obrigatoriamente multi-intertransdisciplinar, que permite análises ampliadas e "religações" entre variados núcleos de conhecimento e diferentes ângulos das questões observadas, a partir da interpretação da complexidade: a) do conhecimento científico e tecnológico; b) do conhecimento socialmente acumulado; c) da realidade concreta que nos cerca e da qual fazemos parte; 2) a necessidade de respeito ao pluralismo moral constatado nas democracias secularizadas pós-modernas, que norteia a busca de equilíbrio e observância aos referenciais societários específicos que orientam pessoas, sociedades e nações no sentido da necessidade de convivência pacífica e sem superposições de padrões morais; 3) a compreensão da impossibilidade de existência de paradigmas bioéticos universais, que leva à necessidade de

(re)estruturação do discurso bioético a partir da utilização de ferramentas/categorias dinâmicas e factuais como a comunicação, linguagem, coerência, argumentação e outras[18].

O ineditismo da propositura de uma *Bioética Dialógica* a partir dos pensamentos de Lima Vaz obedece aos critérios de multi-intertransdisciplinariedade, pois apresenta a junção de núcleos distintos de conhecimento, unindo vertentes sólidas da filosofia, da teoria dialógica e da bioética com aspectos práticos da realidade e do tempo presente. A *Bioética Dialógica* em Lima Vaz se mantém fiel ao propósito de respeito ao pluralismo moral, não buscando dispor nenhuma prática normativa, ao mesmo tempo em que busca estabelecer parâmetros para o alcance do equilíbrio local e global. Trata-se de um caminho possível para o aprimoramento do humano, partindo da dignidade humana e nela culminando – artífice e artefato da humanidade. A *Bioética Dialógica* ainda vai além, apresentando – ousadamente – a reestruturação da ética e o resgate da metafísica, dispondo as ferramentas necessárias para a construção de um mundo justo, no qual a sobrevivência humana seja possível. Um caminho que passa pela recolocação da filosofia como meio pelo qual se compreende o presente, interpreta os aspectos culturais, responde às dúvidas que se apresentam no contexto humano-bio-sócio-ambiental, a partir de um caminho racional que possibilita o encontro com o Absoluto (existencial ou formal), redescobrindo a importância fundamental da vida e colocando-a novamente como um valor ético objetivo e um valor moral subjetivo. É a revalorização da vida a partir do comportamento moral orientado à dignidade humana que somente a bioética, especificamente a *Dialógica*, é capaz de promover.

A pergunta motora do presente livro sempre orbitou a filosofia. Entretanto, à medida que os estudos e pesquisas avançaram, que as discussões teórico-práticas em bioética se aprimoraram, restou evidenciada a bioética latino-americana no contexto formador do presente trabalho, acabando por unir um problema bioético ao filosófico. A motivação que ora demarcava os textos estudados foi fundamental para encontrar a necessidade da construção de uma pesquisa que tivesse as bases solidificadas na realidade

---

[18] GARRAFA, V., De uma bioética de princípios a uma bioética interventiva, crítica e socialmente comprometida, *Revista Bioética*, v. 13, n. 1 (2005) 125-134, aqui 125-126.

epistemológica do Sul. Dessa forma, a escolha orientada de Lima Vaz, aliada ao desejo de contribuir com a bioética latino-americana, fez com que o seguinte questionamento se apresentasse: é possível uma bioética a partir de Lima Vaz? Derivado desse primeiro questionamento, outros se apresentaram: a eventual bioética em Lima Vaz contribui com o contexto latino-americano? Se sim, em que sentido?

A busca por responder a esses questionamentos se une aos problemas da bioética, presentes no contexto de nossos estudos nesses últimos anos construindo os objetivos deste livro. Tais respostas passam pela compreensão do tempo presente, do humano nele inserido, de suas ações e limitações, das situações persistentes e emergentes[19] em bioética e da necessidade de recolocação da filosofia, especialmente a brasileira, nesse contexto, como meio pelo qual se constrói a reflexão crítica, racional, visando o conhecimento (*episteme*). É justamente aí que renasce a necessidade do conhecimento e de uma *Bioética Dialógica*: nas ações práticas e repetitivas sem sentido; na ciência desvinculada da metafísica; na cultura que abandona a filosofia; na ética sem valor; na vida apartada da dignidade; na igualdade sem equidade; na bioética desvinculada da vida.

---

[19] Ibid.

PRIMEIRA PARTE

Lima Vaz: um filósofo do seu tempo

CAPÍTULO 1
Henrique Cláudio de Lima Vaz

A Filosofia, como a única que pode buscar a autofundamentação de toda e qualquer ciência, orbita, no milênio presente, entre a finitude do impossível e a infinitude do possível. Paradoxo imperioso, como característica subjetiva peculiar que lhe é própria, a finitude filosófica não é obra da própria filosofia: é construção permanente daqueles que não compreendem a estrita relação dela com o contexto sócio-histórico-cultural[1], ou que não veem sua importância para o desenvolvimento da subjetividade. Curiosamente, são essas mesmas ameaças de finitude que abrem a possibilidade de infinitude, pois a filosofia permanece viva em cada pessoa que a exercita. Em analogia ao pensamento de Gilles Lipovetsky[2], é quando há a possibilidade de não mais ser que a filosofia tem a real possibilidade de ser. Ela se apresenta em cada problema colocado, ou acrescenta problemas onde há respostas prontas. Como não é autossuficiente, é somente através dos filósofos e filósofas que ela se perpetua na difícil e inevitável missão do questionar, que se faz presente em inúmeros aspectos fundantes da cultura do tempo presente: "Religião, Ética, História, Ciências da Natureza e Ciências Humanas, Política"[3].

---

1 Cf. VYGOTSKY, L., *A formação social da mente*, São Paulo, Martins Fontes, ⁴1991.
2 LIPOVETSKY, G.; SÉBASTIEN, C., *Os tempos hipermodernos*, São Paulo, Barcarolla, ⁴2004, 68-69.
3 VAZ, H. C. de L., *Escritos de filosofia III. Filosofia e cultura*, São Paulo, Loyola, ²2002a, 4.

O dar razão, ou estabelecer o sentido, evidencia a tarefa primeira da filosofia: em que o filósofo, aquele provido de *atopia*[4], que não se prende a um só método, e que, ao mesmo tempo, direciona todo aspecto cultural de uma sociedade que transformou o *lógos* no centro de suas atenções, o grande responsável pela interpretação do seu tempo. "Onde quer que, no imenso campo da cultura, brote a interrogação humana, ela brota de uma raiz filosófica"[5]; onde há uma raiz filosófica, há traços culturais. A filosofia vive, portanto, enquanto existir a razão interrogante da cultura na qual está inserida. Sendo o humano ponto central da racionalidade, a filosofia permanece viva na inquietação que lhe é própria, alimentando-se das dúvidas e problemas criados pelos seres humanos. Não "[...] a inquietação em face do desconhecido, que é própria do primitivo, mas a inquietação pelo ainda não-conhecido e para cujo conhecimento a Razão se atira com prodigioso ímpeto"[6]; uma inquietação pela inteligibilidade do ser e do sentido.

Optou-se por iniciar este livro com uma longa paráfrase daquelas que foram as inquietações centrais de Henrique Cláudio de Lima Vaz. Para dar voz ao filósofo e à sua maneira de olhar para o próprio ofício intelectual ao qual se dedicou a vida toda e para começar a esboçar uma biografia intelectual dele.

Henrique Cláudio de Lima Vaz, doravante Lima Vaz, nasceu em 24 de agosto de 1921, na cidade de Ouro Preto, em Minas Gerais. Motivado pelo avô, homem de vasta cultura e conhecimento literário, e influenciado pela figura professoral de seu pai, Teodoro da Fonseca Vaz, catedrático de Geologia e Mineralogia na Escola de Engenharia da Universidade Federal de Minas Gerais (UFMG), teve contato ainda precoce com as obras de Platão – que mais tarde viriam a dar corpo à tese de seu doutorado[7].

---

[4] Lima Vaz utiliza o termo *atopia* para se referir à característica superior dada ao filósofo no mundo grego. Tal condição o coloca como aquele que não faz parte desse mundo, ou que não cede às condições mundanas. De outra forma, pode ser interpretada como a impossibilidade de restringir a ação da Filosofia a um campo meramente metodológico – numa posição crítica à disposição do funcionamento da razão moderna.
[5] Cf. VAZ, H. C. de L., Morte e vida da filosofia, *Pensar*, v. 2, n. 1 (2011) 8-23.
[6] Ibid.
[7] MONDONI, D., In Memorian. P. Henrique Cláudio de Lima Vaz, *Síntese*, v. 29, n. 94 (2002) 149-156, aqui 149.

Concluídos os estudos no Colégio Arnaldo de Belo Horizonte, ingressou no noviciado na Companhia de Jesus – Ordem dos Jesuítas – no dia 28 de março de 1938. Enviado para Nova Friburgo, no Rio de Janeiro, Lima Vaz estudou Filosofia na Faculdade Pontifícia de Filosofia, em aulas ministradas em latim eclesiástico, o que permitia uma especial sistematização do modo de pensar dos estudantes. Em sua época, o texto base era a *Summa Philosophiae Scholasticae*, de Vincent Remer, SJ, da Universidade Gregoriana de Roma, baseado nas obras de Aristóteles e de Santo Tomás de Aquino[8].

Ao longo de sua formação, dois professores foram inicialmente responsáveis pela construção intelectual de Lima Vaz: o primeiro foi o padre Eduardo Magalhães Lustosa, responsável por apresentar a ele a Filosofia Moderna, especificamente textos de Husserl e Heidegger, originando o primeiro trabalho filosófico de Lima Vaz, em que trata da noção de "intencionalidade" no Tomismo e na Fenomenologia. O segundo foi o padre Francisco Xavier Roser, professor de matemática e física, que propôs um contraponto com a Filosofia Escolástica ao trabalhar questões científicas ligadas à filosofia, volvendo suas análises para a Filosofia da Ciência e seus significados, baseando-se no livro do neopositivista Philipp Frank. A partir dessas influências, as leituras filosóficas se estenderam a outros nomes da Filosofia, tais como A.-G. Sertillanges, P. Rousselot, É. Gilson, A. Foerst, J. Maritain, J. Maréchal. A influência de Maréchal sobre a formação de Lima Vaz é sobremaneira evidente, especialmente apresentada num trabalho no final do seu curso de filosofia, intitulado *De ratione exsistentiae Dei probandae in dynamismo intellectuali Pe. Maréchal*[9].

Em 1945, quando o mundo caminhava para o desfecho da Segunda Guerra Mundial, Lima Vaz apresentava seu trabalho de conclusão de curso: *A afirmação do ser no limiar da metafísica*, ao mesmo tempo em que passava a participar de um grupo de estudos sobre "assuntos atuais", organizado pelo colega Paulo Menezes – o mais brilhante entre os estudantes jesuítas, segundo Lima Vaz[10]. Tendo como base epistemológica algumas revistas e livros argentinos, o grupo de estudos teve contato com o existencialismo,

---

8 VAZ, H. C. de L., *Autobiografia*, disponível em: <https://padrevaz.com.br/index.php/biografia/textos-autobiograficos/225-biografia-redigida-no-ano-de-1976>. Acesso em: 07 ago. 2023.
9 Ibid.
10 Ibid.

dando origem ao texto *Introdução a uma metafísica existencial*. Assim terminara a fase primeira em Nova Friburgo.

No início de 1946, Lima Vaz foi enviado a Roma por sua Ordem, tornando-se aluno da Universidade Gregoriana, onde começou a cursar Teologia. Da mesma forma como no Rio de Janeiro, a formação básica era Escolástica, chamada de tomismo romano da Companhia de Jesus, fomentada pelos padres Charles Boyer, responsável pelos tratados clássicos de teologia escolástica, e Paolo Dezza, incumbido de promover um seminário sobre a síntese tomista – frequentado por Lima Vaz sem entusiasmo[11].

Acompanhando o movimento de reconstrução da Europa, marcada pela destruição da Segunda Grande Guerra, a teologia então estudada começava a se transformar. A partir de textos franceses, a *nouvelle théologie*, responsável por fomentar o Concílio Vaticano II vinte anos mais tarde, passara a sustentar a necessidade intelectual dos jovens em formação. Entre longas discussões e projetos intelectuais, foi nesse período que Lima Vaz teve contato com os poucos textos publicados de Teilhard de Chardin: evento que, segundo Lima Vaz, representou a "descoberta da prodigiosa profundidade da vida, das estruturas evolutivas do universo, das dimensões planetárias e cósmicas de um Cristianismo colocado sob o signo concreto [...]"[12].

É nesse mesmo período que Lima Vaz terá contato com as obras de Sartre, "[...] cuja obra subia fulgurantemente para o zênite da atualidade: a revelação de uma outra visão desconcertante para quem crescera até então entre os muros sólidos e tranquilos de uma clássica ontologia"[13]. Uma leitura, entretanto, feita sob os "olhos de Maréchal", que culminou com a produção de um artigo publicado na revista *Verbum*, em março de 1948, com o título *Existencialismo*[14]. É exatamente daí que nasce a posição crítica ao existencialismo assumida por Lima Vaz.

O nascer de uma nova era, marcada por crises profundas e sistêmicas, levou Lima Vaz a se interessar pela obra de Emmanuel Mounier. Acompanhando o desenvolvimento da revista *Esprit*, fundada pelo grupo de Mounier, Lima Vaz começou a ir além das questões religiosas e filosóficas,

---

11 Ibid.
12 Ibid.
13 Ibid.
14 Cf. VAZ, H. C. de L., Existencialismo, *Verbum*, v. 5, n. 1 (1948) 55-65.

adentrando os campos social e político, dando corpo à influência personalista – especificamente validando a ideia de que o humano não se perfaz somente de uma matéria, mas sim de uma alma encarnada num corpo, essencialmente comunitária, dentro de um período histórico. Essa condição se evidencia nas obras de Lima Vaz que serão, em boa parte, influenciadas por essas propostas de Mounier. A partir daí o percurso filosófico de Lima Vaz será marcado por uma leitura social e política, entremeada com "[...] momentos de exaltação e de amarga decepção [...]"[15]. É através da leitura personalista que ele conhecerá os textos de Marx – nas polêmicas envolvendo Mounier: de um lado, com o Partido Comunista Francês, de outro, com padre Fessard – que embasarão suas análises da filosofia marxista[16].

Ainda em Roma, Lima Vaz terá contato com as obras do padre Henri de Lubac e de Maurice Blondel, que o auxiliaram no aprofundamento dos estudos acerca do espiritual, tema de interesse dos alunos, e que o levaram a voltar sua atenção para as obras platônicas e sua presença nas estruturas mentais do Ocidente e da teologia cristã. Como conclusão do curso de teologia, ele defendeu um trabalho com o título *O problema da beatitude em Aristóteles e Santo Tomás*, em que apresenta uma releitura da *Ética Nicomaqueia* e das primeiras questões da *Secunda Secundae* da *Suma* tomista.

Em 1950, de volta a Roma após um período de formação pastoral em Gandia, na Espanha, por conta de sua ordenação em 15 de julho de 1948, Lima Vaz já trazia alguns rascunhos para uma proposta de doutoramento em filosofia, a ser também realizado na Universidade Gregoriana. A proposta, delineada nas obras de Platão, foi orientada por René Arnou e escrita em latim escolástico, sob o título *Sobre a contemplação e a dialética nos diálogos de Platão*[17]. A base de sustentação da tese estava fundada na contraposição à obra de André-Jean Festugière, *Contemplação e vida contemplativa segundo Platão*[18], de 1936, demarcando o caráter intelectualista da contemplação platônica. Em sua tese, Lima Vaz propõe "[...] interpretar a *noesis*

---

[15] Ibid.
[16] Sobre a crítica de Lima Vaz ao marxismo, cf. VAZ, H. C. de L., Marxismo e filosofia, *Síntese Política Econômica Social*, v. 1 n. 2 (1959) 46-64.
[17] Cf. *Contemplação e dialética nos diálogos platônicos*. Belo Horizonte: Fapemig; São Paulo: Loyola, 2012. (N. do E.)
[18] FESTUGIÈRE, A.-J., *Contemplation et vie contemplative selon Platon*, Paris, Vrin, 1936.

em Platão como um resultado intrinsecamente ligado ao caminho – ou ao método – dialético, e não como uma intuição inefável e quase mística"[19]. O que ele demarca, em verdade, é a influência direta do tempo e da história numa construção dialética e, da mesma forma, que esse método se constrói somente pela história, no tempo, gerando a *noesis*. De certa forma, há aqui, uma percepção primeira da influência de Hegel, que marcará o pensamento de Lima Vaz. Portanto, desde sua tese de doutorado, é central para a compreensão de sua trajetória intelectual, como se verá adiante, a marca de uma dialética histórica.

A partir de 1953, Lima Vaz retorna ao Brasil e começa a ministrar aulas na Faculdade de Filosofia de Nova Friburgo. Marcada pela metodologia de ensino dos padres jesuítas, especialmente pela adoção da Filosofia Escolástica, os dez anos como professor de filosofia são perpassados por aulas preparadas em latim, arquitetadas em teses, demonstrações e refutações. A metodologia escolástica, seguida por Lima Vaz, será o marco fundamental de seu estilo de escrita – seguindo-a mesmo em suas obras. As produções[20], frutos dessa época, serão todas voltadas para os estudos platônicos. Em 1955 Lima Vaz começa a se interessar pela Filosofia Moderna, partindo dos estudos de Descartes e Espinoza, passando pelos físicos filósofos como E. Mach, P. Duhen, H. Poincaré e, depois, L. de Broglie, E. Schrödinger, W. Heisenberg, H. Weyl, V. von Weizsäcker, até filósofos historiadores L. Brunschvicg, G. Bachelard, A. Koyré, R. Lenoble, E. J. Dijksterhuis.

Por volta de 1958-1959, Lima Vaz avança pelo racionalismo kantiano, alcançando então as obras de Hegel, que exercerá uma enorme influência em sua maneira de fazer filosofia. Segundo o próprio Lima Vaz, "[...] no império hegeliano a província da *práxis* fora, desde o início, a planície tumultuosa e agitada, ocupada primeiro pela 'esquerda hegeliana' [...]"[21]. Ponto de convergência de sua filosofia, Lima Vaz adota como centro de suas obras o hegelianismo, promovendo a partir daí uma especial junção entre ramos os mais diversos do pensamento, como a filosofia clássica, a teologia, o racionalismo moderno, a revolução científica, a consciência histórica e a *práxis*

---

[19] VAZ, H. C. de L., *Autobiografia*.
[20] As obras de Lima Vaz serão sistematicamente apresentadas a partir de 2.1. *Cronologia filosófica e estrutura reflexiva vaziana*.
[21] VAZ, H. C. de L., *Autobiografia*.

social e política. Essa leitura ficou exposta em seu artigo mais polêmico e decepcionante. Polêmico pois apresentava as bases de uma ação prática para os cristãos de seu tempo, decepcionante porque foi a partir dele que Lima Vaz começou a ser investigado pela repressão militar. O artigo intitulava-se *Cristianismo e consciência histórica* e foi publicado na revista *Síntese* em 1960[22]. Em 1968, a partir do livro *Ontologia e história*, o artigo original recebeu dois complementos: *A grande mensagem de João XXIII*, com viés social e político; e *O absoluto e a história*, que apresenta uma leitura teológico-filosófica da presença do absoluto no contexto histórico-social. Segundo Lima Vaz, essa produção em específico rendeu-lhe a única polêmica em que se envolveu em toda vida[23].

Por conta da publicação do texto *Cristianismo e consciência histórica*, Lima Vaz acabou, quase à revelia mentor da Juventude Universitária Católica (JUC) e, posteriormente, da Ação Popular, e depois Ação Católica, ainda que não se considerasse um membro dela, mas por conta de ter seus textos utilizados como referenciais.

> [...] os artigos de Pe. Vaz sobre "consciência histórica" tiveram o impacto de uma lufada de ar puro sobre uma geração cristã, que se sentia asfixiada por uma tradição religiosa alheia aos desafios políticos e culturais do seu tempo. Contrapondo-se, por uma parte, a uma visão da realidade fechada ao mundo moderno e, por outra, ao canto de sereia do marxismo a seduzir as inteligências jovens com a proposta de soluções imediatas e radicais, ele soube oferecer uma análise crítica do pensamento marxiano, sem escorregar pela ladeira fácil dos anátemas conservadores. Encarnou uma atitude intelectual firme e aberta ao debate, crítica de todo reducionismo intra-histórico pelo chamado à transcendência, mas igualmente questionadora da posição tradicional pelo mergulho nas águas do pensamento dialético[24].

---

22 Cf. Vaz, H. C. de L., Cristianismo e consciência histórica, *Síntese Política Econômica Social*, v. 2, n. 8 (1960) 15-69.
23 Vaz, H. C. de L., *Autobiografia*.
24 Mondoni, D., In Memorian. P. Henrique Cláudio de Lima Vaz, 150.

Curiosamente, Lima Vaz não apresentava os textos como uma espécie de manual para a ação. Ele próprio, quando indagado sobre o propósito dos escritos, afirmava que eram "textos de reflexão, não de ação"[25]. Os textos foram utilizados pelos membros desses grupos, como relata Maria da Penha Villela-Petit: "[...] o nome de Padre Vaz, que era professor no Seminário de Nova Friburgo, já circulava entre os integrantes da JUC, movimento ao qual eu aderira, creio que por volta de 1960"[26]. É fato que Padre Vaz reuniu e instruiu – como num curso que ministrou, em fevereiro de 1963, em Aracaju, com o título de *Consciência, história e cristianismo* – um grupo de alunos, do qual faziam parte Artur da Távola, Cacá Diegues, Betinho, Aldo Arantes, José Serra, Sérgio Motta, Clóvis Carvalho entre outros[27]; mas ele nunca fez parte da Ação Católica, ou sequer propôs qualquer tipo de ação direta para eles.

O próprio Lima Vaz, numa entrevista publicada nos *Cadernos de Filosofia Alemã*, da Universidade de São Paulo (USP), em 1997, explica sua relação com a Ação Popular, majoritariamente pelo fato de não ter feito questão de participar dela:

> A questão da Ação Popular deve ficar bem esclarecida: nunca fui membro da AP [Ação Popular], nunca me inscrevi; fui uma espécie de assessor informal. Havia muitos amigos vindos da Juventude Universitária Católica (JUC), e foi uma participação, não da reunião do grupo como tal, mas de encontros, conversas, sobretudo no Rio de Janeiro, em São Paulo e em Belo Horizonte. Minha participação na Ação Popular foi informal, mas colaborei na redação de alguns de seus documentos. Naquele tempo, já se anunciava uma divisão entre os que realmente se encaminhavam na direção do leninismo e outros que mantinham uma atitude crítica com relação ao marxismo, que era minha atitude[28].

---

[25] SANTOS, J. H., Padre Vaz, filósofo de um mundo em busca de sentido, *Boletim Informativo da UFMG*, 13 jun. 2002.
[26] VILLELA-PETIT, M. da P., Depoimento sobre Padre Vaz, in: PERINE, M. (org.), *Diálogos com a cultura contemporânea. Homenagem ao Pe. Henrique C. de Lima Vaz, SJ*, São Paulo, Loyola, 2003, 11.
[27] TAVOLA, A. da, Pronunciamento de Artur da Tavola, *Atas do Senado Federal*, 29 mai. 2002.
[28] GONÇALVES, A.; HERÊNCIA, J. L.; REPA, L. S., Filosofia e forma da ação, *Cadernos de Filosofia Alemã*, v. 2, n. 1 (1997) 77-102, aqui 85-86.

Entretanto, isso não exime a figura ativa e preocupada com a transformação do cristianismo na modernidade. Sua ação sempre foi, nas palavras do padre João B. Libânio, "[...] um respiro cristão no marasmo de uma Igreja muito conservadora e fechada num neotomismo sem inspiração e na secular sonolência da Cristandade"[29]. Entre outras acusações e enfrentamentos, frequentemente o definiam como marxista, ou comunista, especialmente

> [...] após a publicação do *Documento Base da Ação Popular*, que lhe é atribuído, ele não aceitava o rótulo, criticava o marxismo, e se defendia dizendo, por exemplo, que seus críticos pareciam não conhecer o pensamento da esquerda católica francesa, que tinha à frente, entre outros, um Emmanuel Mounier, em quem ele, Vaz, também se alimentava[30].

Por conta de seu posicionamento social e político, Lima Vaz angariou alguns críticos ferrenhos, como o caso de Antonio Paim, que julga descobrir em seus textos daquela época "[...] uma 'opção totalitária', que continuava a doutrina ditatorial pombalina, o uso do Estado (Poder) para impor uma ideia de civilização e cultura, que os seus teóricos achavam salvadoras"[31]. Ainda hoje, a obra de Lima Vaz suscita discussões por conta desse período passado junto aos jovens da Ação Católica. Como exemplo, pode-se citar um debate levantado em um texto de 2009, retomado em 2019, que acusa Lima Vaz[32] de ser o líder ativista da Ação Popular Marxista-Leninista, bem como o direto responsável pela construção de uma ideologia esquerdista, sufocadora dos movimentos de direita, que teria dominado a Coordenação de Aperfeiçoamento de Pessoal de Nível Superior (CAPES) e o Conselho Nacional de Desenvolvimento Científico e Tecnológico (CNPq) nos últimos 30 anos. Tal posição demonstra pouca familiaridade com a história intelectual de Lima Vaz. Os textos *O pensamento filosófico no Brasil de hoje*, publicado na *Revista Portuguesa de Filosofia*, em 1960; assim como outro artigo, de

---

[29] LIBÂNIO, J. B., Lições do mestre. In: MAC DOWELL, J. A. (org.), *Saber filosófico, história e transcendência*, São Paulo, Loyola, 2002, 371-372.
[30] RANGEL, P., *Padre Vaz. Um peregrino do Absoluto*, disponível em: <https://www.pucsp.br/fecultura/textos/fe_razao/20_padre_vaz.html>, Acesso em: 11 jan. 2019.
[31] Ibid.
[32] RODRÍGUEZ, R. V., *Quem tem medo da filosofia brasileira?* Disponível em: <www.caer.org.br/downloads/Artigos/A00049.pdf>. Acesso em: 07 ago. 2023.

1984, publicado na revista *Síntese*, sob o título *O problema da filosofia no Brasil* poderiam mais facilmente demonstrar seu ponto de vista filosófico em relação à Filosofia Brasileira.

Por conta de todo o movimento, mas principalmente pela repercussão dos textos de Lima Vaz, ele foi convidado pelos superiores jesuítas a se retirar de Nova Friburgo em 1964 – principalmente para amenizar as investigações que haviam sobre ele. Como o próprio Lima Vaz relata: "[...] pesadas nuvens acumulavam-se no céu da política brasileira e logo sobre todos nós abateu-se o vendaval autoritário. Fui obrigado, cercado de suspeitas, a deixar Nova Friburgo"[33]. A partir daí ele se transfere para Belo Horizonte, Minas Gerais, passando a lecionar filosofia na Universidade Federal de Minas Gerais (UFMG) a convite dos professores Arthur Versiani Velloso e Aluízio Pimenta, ao mesmo tempo em que respondia a um inquérito policial militar posteriormente arquivado[34]. O primeiro, diretor do Departamento de Filosofia, solicitou que Lima Vaz assumisse a cátedra de História de Filosofia; e o segundo, então Reitor da UFMG, designou o padre como colaborador nas discussões acerca da Reforma Universitária[35].

Os anos passados no Departamento de Filosofia da UFMG, entre 1964 e 1986, foram fundamentais para o desenvolvimento de uma nova linha de pensamento de Lima Vaz. Foi naquele espaço que ele se enveredou pelos textos hegelianos, motivado pelas comemorações, em 1970, do segundo centenário de nascimento de Hegel. Como resultado direto dessa nova disposição, ou regresso, Lima Vaz se une a um grupo de estudantes e professores que se propuseram à difícil missão de compreender as obras principais de Hegel. Foi a influência dessas obras, em específico, que fizeram com que ele se interessasse pela dialética, pelo problema da história, da sociedade e do Estado moderno, bem como fizeram-no propor uma releitura da metafísica clássica[36].

Entre 1975 e 1981, Lima Vaz exerce o magistério na UFMG e na Faculdade de Filosofia da Companhia de Jesus, transferida então para o Rio de Janeiro. Em 1982, contudo, a Faculdade foi novamente transferida, dessa

---

33 VAZ, H. C. de L., Palavras de agradecimento, in: MAC DOWELL, J. A. (org.), *Saber filosófico, história e transcendência*, São Paulo, Loyola, 2002b., 384.
34 MONDONI, D., In Memorian. P. Henrique Cláudio de Lima Vaz, 150.
35 VAZ, H. C. de L., Palavras de agradecimento.
36 RANGEL, P., *Padre Vaz. Um peregrino do Absoluto*.

vez para Belo Horizonte, onde ele lecionou até 2002. Em 2001, Lima Vaz recebeu o título de Professor Emérito da UFMG, ocasião em que proferiu um discurso no qual aponta o papel daquela universidade em sua vida: "Aqui vivi a *experiência intelectual* decisiva de ver aberto diante de meu espírito um horizonte muito mais vasto de ideias, de interrogações, de problemas, do que aquele que limitava meu universo filosófico até então [...]"[37].

Padre Vaz faleceu aos 23 dias do mês de maio de 2002, em Belo Horizonte, tendo deixado um legado de simplicidade e, ao mesmo tempo, profunda erudição e conhecimento, não só filosófico, mas também cultural, social, político e teológico. Um homem marcado "[...] não pelo culto a sua pessoa, mas pelo amor a uma vida séria de estudos como serviço à cultura e à fé"[38]. Lima Vaz é, de fato, um homem do seu tempo.

---

[37] VAZ, H. C. de L., Palavras de agradecimento.
[38] LIBÂNIO, J. B., Lições do mestre, 371-372.

CAPÍTULO 2

Influências filosóficas do pensamento de Lima Vaz

A busca pela apresentação dos principais influenciadores da formação de Lima Vaz perpassa pela construção de sua história como religioso e, ao mesmo tempo, como filósofo, não sendo possível separar o caminho vaziano em dois momentos. Toda a sua prática, ao longo de sua vida, foi marcada, como ele mesmo apresenta, pela seguinte pergunta:

> [...] pode o estudioso que se professa cristão permanecer dentro desse universo da tradição filosófica ou deve, por honestidade intelectual, emigrar para o campo do fideísmo dogmático, de uma praxeologia voluntarista, da evasão mística ou, simplesmente do sentimento religioso puramente subjetivo?[1]

A resposta do autor ao questionamento apresentado se encontra primeiramente em suas próprias obras, quando se propõe a falar sobre Tomás de Aquino. Sua análise elogiosa, quase autoanálise, reforça a visão parcialmente apresentada no tópico anterior sobre seu ser filósofo: pois vê no doutor medieval uma "[...] vocação, assumida com extraordinária lucidez e generosidade e à qual dedicou totalmente a sua vida". "Foi como [filósofo], não só especulativo, mas prático e agraciado com inegáveis dons místicos [...][2]" que Lima Vaz descreveu os caminhos de uma filosofia que só

---

[1] VAZ, H. C. de L., *Escritos de filosofia VII. Raízes da modernidade*, São Paulo, Loyola, ²2012a, 7.
[2] Ibid.

podemos repetir em seu próprio respeito, dizendo de modo especial de seu fazer filosófico que "[...] destaca-se no cenário filosófico nacional pela originalidade, rigor especulativo e abrangência"[3]. Ao longo de suas obras, Lima Vaz demonstra o amplo domínio da história da filosofia, com riqueza de detalhes e familiaridade às posições sistemáticas das bibliografias utilizadas em seus textos.

Como parte de sua metodologia, e com o intuito de esclarecer suas posições, o uso de notas explicativas é recorrente, alcançado a marca de 5.600 em seus oito livros coletâneos publicados[4]. Profundo conhecedor das obras de Platão, Aristóteles, Agostinho, Tomás de Aquino e Hegel, padre Lima Vaz sempre se voltava aos clássicos para fundamentar suas reflexões, pois entendia que o caminho passa pelos que o antecederam na construção do conhecimento.

Como filósofo, Lima Vaz não se contentava apenas com comentários aos textos, ou exposições dos pontos centrais dos filósofos em estudo. Autor de 15 livros, 189 artigos – que serão analisados na cronologia filosófica, 7 traduções de obras clássicas, que tratam de assuntos diversos, orbitando os campos da filosofia, teologia, cultura, história, ética, política, sociologia, literatura, história, entre outros, ele buscou apresentar, sempre de maneira sólida e fundamentada, suas posições "[...] sobre questões fundamentais que desafiam a mente humana, articuladas num discurso de sólida base histórica e elevado teor especulativo"[5].

A figura do padre Lima Vaz sempre chamou a atenção por apresentar um trabalho "[...] sério, duro, austero de estudo e docência"[6], ao mesmo tempo em que vivia "[...] anos e anos de labuta silenciosa"[7]. O resultado de todo esse comprometimento torna-se visível em "[...] escritos [que] revelam, tanto no estilo como no conteúdo, a consciência de quem afirma com

---

[3] MAC DOWELL, J. A., História e transcendência no pensamento de Henrique Vaz, in: PERINE, M. (org.), *Diálogos com a cultura contemporânea*, São Paulo, Loyola, 2003, 11.
[4] DRAWIN, C. R., Padre Henrique Vaz. Um mestre incomparável, in: MAC DOWELL, J. A. (org.), *Saber filosófico, história e transcendência*, São Paulo Loyola, 2002, 378.
[5] MAC DOWELL, J. A. História e transcendência no pensamento de Henrique Vaz, 11.
[6] LIBÂNIO, J. B., Lições do mestre, 371-372.
[7] Ibid.

segurança o que pensa, que está disposto a defender seu pensamento diante de qualquer instância intelectual [...]"[8]. Era um homem singular, dono de um conhecimento prodigioso de toda a tradição clássica, lida nas fontes originais e intensamente meditada, não ficou preso à exegese erudita dos textos. O conhecimento da metafísica grega, aliada ao estudo dos autores cristãos, deu a seu pensamento a densidade necessária para enfrentar o criticismo moderno[9].

A posição assumida ao longo dos anos como filósofo e professor sempre oscilaram, por força dos acontecimentos históricos, entre tolerância, respeito e silêncio no que diz respeito às opiniões pessoais e ideológicas, e dureza, rigor e crítica aguçada diante dos textos e trabalhos filosóficos[10]. Mesmo assumindo uma postura silenciosa e distante de preocupações midiáticas ou expositivas, Lima Vaz se mostrou preocupado com a divulgação de seu trabalho. Em uma entrevista realizada em 1994, numa de suas falas em resposta às perguntas, ele analisa seus então 40 anos de filosofia, ponderando sobre o futuro de seus pensamentos, se eles seriam relegados à condição arqueológica, ou retomados como obras filosóficas. O que se percebe, em verdade, é que a obra de Lima Vaz ainda não é suficientemente estudada pela comunidade filosófica brasileira, apesar da amplitude epistemológica e de sua envergadura especulativa. Suas obras, e suas respectivas análises, estão restritas a poucas vistas, como afirma o próprio Lima Vaz[11]. Em parte, tal condição se deve à "[...] imagem de um padre Vaz político, e político de esquerda, [que] ficou muito gravada na mente de muitos que o reprovaram e resolveram afastar-se dele [...]"[12], ou ainda à "modéstia e a discrição características de seu modo de ser e de escrever, absolutamente alheio

---

8 Ibid.
9 SANTOS, J. H., Padre Vaz, filósofo de um mundo em busca de sentido.
10 LIBÂNIO, J. B., Lições do mestre, 371-372.
11 VAZ, H. C. de L., *Depoimento de Henrique Vaz*, Belo Horizonte, FAJE, 1994.
12 RANGEL, P., *Padre Vaz. Um peregrino do Absoluto*.

a qualquer alarde exibicionista", impedindo "que suas propostas virassem moda[13] ainda em vida"[14].

A construção da estrutura das principais influências epistemológicas de Lima Vaz, apesar de ter sido mencionada brevemente na proposta introdutória, apresenta uma tríplice divisão, explicitada pelo próprio autor em sua entrevista de 1994. Mesmo considerando a existência de outras entrevistas e escritos que apresentam tais influências, a entrevista mencionada dispõe de uma sistematização que simplifica a exposição. Cumpre ressaltar que a simplicidade na proposição dos escritos é um marco de Lima Vaz; simplicidade que, contudo, não significa em nada simplificação epistemológica.

A construção do pensamento do padre Lima Vaz pode ser dividida em três fases: a primeira vai de 1938 a 1954; a segunda se inicia no ano de 1955 e se estende até 1969; e a terceira vai de 1970 a 2002, ano de sua morte. A primeira fase é também sua base estrutural, marcada pela influência direta dos textos de Platão, Aristóteles, Agostinho e Tomás de Aquino, acrescentando-se as obras de Maréchal e a formação físico-matemática que recebera. Nesse período de pesquisas e leituras, Lima Vaz estava profundamente preocupado com as questões metafísicas, sobre a possibilidade da essência do ser, sobre o transcendente[15].

No segundo momento, diz-se o da construção epistemológica, padre Vaz se encontra com os autores da modernidade, especificamente com o racionalismo e a ciência moderna nas obras de Galileu, Descartes, Espinoza e Kant. Aqui, de certa forma, ele já se encaminhava para o encontro com Hegel, que mais tarde acabaria sendo um dos principais focos de seus estudos. Nesta fase do pensamento, Lima Vaz se ocupava em responder às questões colocadas sobre a ciência racional e prática, a aniquilação da metafísica e, ao mesmo tempo, traçava um caminho para superar a supremacia da ciência.

A terceira e última fase do pensamento de Lima Vaz é marcada pelo contato direto com as obras de Hegel e o historicismo. Período de difícil

---

[13] A colocação da filosofia como moda obedece a algumas análises de Lima Vaz sobre a prática filosófica, essas análises foram trabalhadas nos *Escritos de filosofia III. Filosofia e cultura*, e será aqui analisada adiante, em 2.1 Cronologia filosófica e estrutura reflexiva vaziana.
[14] Mac Dowell, J. A., História e transcendência no pensamento de Henrique Vaz, 11.
[15] Vaz, H. C. de L., *Depoimento de Henrique Vaz*.

aprendizado, que ele faz questão de demarcar, quando a preocupação estava concentrada no retorno à metafísica e na resposta à perda da condição ontológica humana.

Lima Vaz faz questão de salientar que existiram, ao longo de seu desenvolvimento intelectual, outras leituras, como as de Friedrich Nietzsche, mas nenhuma influência foi tão relevante quanto a dos pensadores anteriormente citados. Há, porém, um sobressalto no pensamento de Heidegger, que Lima Vaz diz possuir uma grande cultura filosófica, unido a uma repulsa às reflexões heideggerianas por conta de seu afastamento da fenomenologia e da propositura de uma nova ontologia[16].

Ele ressalta, por fim, que não tem empatia pela filosofia contemporânea, como a analítica, e de modo especial por Wittgenstein. Há nele, segundo Lima Vaz, uma falha como filósofo, que, contudo, não é esclarecida. Ele ainda faz questão de ponderar que a Filosofia francesa é "intragável"[17], como é o caso de Jacques Derrida, justamente pela influência de Heidegger. Para o padre Vaz, não há, nesse caso, o devido respeito à história que respeita a própria história[18]; o que, para a filosofia vaziana significa compreender o contexto histórico e sua influência no contexto social.

2.1. Cronologia filosófica e estrutura reflexiva vaziana

A apresentação de uma cronologia filosófica das obras de Lima Vaz, a princípio, não é uma tarefa simples. São inúmeros textos, alguns reunidos em livros, que apontam sua visão filosófica, social, histórica e política. Entretanto, o ponto de partida para tal é compreender a biografia de Lima Vaz, pois sua produção está diretamente vinculada a sua história de vida, em outras palavras, não há como compreender a obra vaziana sem revisitar permanentemente sua cronologia formativa. Exatamente por isso é que se optou por iniciar com a biografia que, em verdade, apresenta-se como uma fundamentação de suas ideias.

Como um verdadeiro filósofo, Lima Vaz se preocupa com seu tempo e seu contexto histórico. Ao longo de toda sua formação, a influência do

---
[16] Ibid.
[17] Ibid.
[18] Ibid.

meio em que vive, ou das realidades sociais encontradas, como o caso da Segunda Guerra Mundial, sempre estiveram presentes em suas colocações epistemológicas. Todo o seu trabalho é, como afirma o próprio Lima Vaz sobre Hegel, um esforço para "[...] captar o próprio tempo no conceito"[19]. Essa colocação representa, mesmo que de forma indireta, o modo como Lima Vaz compreende a filosofia, cuja realidade sempre se fez presente em seu filosofar, não surgindo a partir do momento que ele se torna professor, como defende Cláudia Maria Rocha de Oliveira[20]. Mesmo enquanto aluno em Roma, em princípios de 1946, Lima Vaz observa que "[...] dos escombros de uma Europa destruída, enquanto máquinas gigantescas removiam entulhos e reedificavam cidades, uma intensa vida de pensamento renascia e se expandia"[21]. A filosofia, portanto, é para ele "[...] a consciência ou o *espírito* do mundo histórico, sobretudo da sua utilidade profunda, e vem a ser, portanto, o princípio animador, a *enteléquia*, para dizê-lo com Aristóteles"[22].

A filosofia de Lima Vaz é um pensar e repensar não só o tempo presente, mas também um rememorar o passado, vindo a "[...] reinventar os problemas que lhe deram origem e, assim, cumprir o destino que [...] está inscrito na sua própria essência"[23]: modalizar o tempo. É dever da Filosofia, portanto, "[...] reconduzir o disperso mundo dos homens à sua unidade e ao ser verdadeiro"[24].

> A vida da Filosofia é, pois, a vida da nossa Razão interrogante formulando dentro do espaço do seu operar racional as perguntas essenciais e aí construindo a resposta, mas fazendo, ao mesmo tempo, a decisiva experiência intelectual de que a resposta está sempre prenhe de uma nova pergunta e de que, portanto, a inquietação sem fim recomeça[25].

---

[19] VAZ, H. C. de L., Morte e vida da filosofia, 16.
[20] OLIVEIRA, C. M. R., Metafísica e ética. A filosofia da pessoa em Lima Vaz como resposta ao niilismo contemporâneo, São Paulo, Loyola, 2013, 25.
[21] VAZ, H. C. de L., Autobiografia.
[22] VAZ, H. C. de L., Escritos de filosofia III. Filosofia e cultura, 3.
[23] VAZ, H. C. de L., Morte e vida da filosofia, 17.
[24] VAZ, H. C. de L., Escritos de filosofia III. Filosofia e cultura, 15.
[25] VAZ, H. C. de L., Morte e vida da filosofia, 8.

A estrutura questionadora dos textos de Lima Vaz traz à tona sua leitura comprometida com a razão interrogante. Todos os textos são permeados de perguntas orientadoras que obedecem à estrutura epistemológica da lógica tomista, retratando o peso formativo da Escolástica inicial, e se aprofundando pela dialética hegeliana, redefinida pelas linhas platônicas. Em linhas gerais, a base teórica é tomista, e a metodologia aplicada segue os caminhos da dialética platônica-hegeliana.

O desenvolvimento da estrutura do pensamento de Lima Vaz é definido de maneira diversa por seus leitores e estudiosos. Logo, na tentativa de organizar estas diversas compreensões dos comentadores, consideram-se detidamente três leituras principais: 1) a interpretação didática feita por Rubens Sampaio em seu *Metafísica e Modernidade*; 2) a leitura em contraposição da obra *Metafísica e Ética*, de Cláudia de Oliveira; e 3) a compreensão objetiva de João Mac Dowell em *História e transcendência no pensamento de Henrique Vaz*. Entretanto, cumpre antecipar aqui que na construção do presente livro discordaremos, com a devida vênia, das duas primeiras, e concordaremos, parcialmente, com a última.

A primeira análise a ser feita acerca do pensamento de vaziano, apresentada por Rubens Sampaio, supõe delinear uma construção sistemática das obras de Lima Vaz, afirmando que todo o seu trabalho está voltado para a construção de "[...] uma resposta ao problema que o acompanha desde o início do seu *iter* filosófico: os encontros e desencontros da razão moderna com o problema filosófico da afirmação do Absoluto"[26]. Aqui há a primeira divergência, pois, o próprio Lima Vaz, em *Morte e vida da Filosofia*, aponta que a prática filosófica deve ser uma "[...] inquietação pelo ainda não-conhecido e para cujo conhecimento a Razão se atira com prodigioso ímpeto"[27]; é, portanto, uma busca pela verdade. Em princípio, a produção de Lima Vaz não é uma simples resposta: é permanente questionamento que alcança outros questionamentos, pois "[...] a exaustão da pergunta filosófica numa resposta definitiva e final assinalaria, esta sim, o fim da Filosofia"[28]. Em segundo, os escritos não se limitam a uma única

---

[26] SAMPAIO, R. G., *Metafísica e modernidade. Método e estrutura, temas e sistema em Henrique Cláudio de Lima Vaz*, São Paulo, Loyola, 2006, 14.
[27] VAZ, H. C. de L., Morte e vida da filosofia, 13.
[28] Ibid.

discussão, ou ao apontamento de uma solução definitiva: suas obras, antes de tudo, uma construção filosófica e, como tal, apresentam considerações para pontos nevrálgicos no momento e contexto históricos em que estão inseridas. O sistema vaziano é, assim, um sistema aberto, de proposição de modelos ideais.

Uma segunda análise recai sobre a seguinte posição de Rubens Sampaio:

> Os dois termos desse diálogo [entre a razão e o Absoluto] desdobram-se, por um lado, na apresentação em chave dialética da metafísica do existir de Tomás de Aquino e, por outro lado, num trabalho de inquirição sobre o processo da gênese da modernidade, isto é, as raízes da modernidade. Esses dois grandes eixos, é a tese aqui defendida, constituem o fundamento metafísico que estruturam o pensamento vaziano, e sobre o qual se ergue o seu sistema, tanto na vertente antropológica como na vertente ética[29].

Ademais, afirma haver

> duas ordens de leitura [que] regem a presente investigação sobre o pensamento vaziano: uma leitura *temático-diacrônica* e outra *sistemática*. Cada uma dessas leituras desdobra-se em duas outras abordagens possíveis[30].

O autor termina sua análise considerando que todo o pensamento de Lima Vaz é marcado pelo estabelecimento de três conceitos fundamentais, ou momentos, a saber: antropologia, ética e metafísica[31], dividindo-se também assim sua produção bibliográfica.

Diferentemente da compreensão de Sampaio, a obra de Lima Vaz, no entendimento deste trabalho, não se reduz aos dois eixos apresentados. Isso se evidencia, num primeiro momento, como bem salienta Cláudia Oliveira, no fato de "Lima Vaz não ter intitulado nenhum de seus livros como *Metafísica*"[32]. Ela continua apontando que a discussão metafísica assumida

---

29 SAMPAIO, R. G., *Metafísica e modernidade*, 14.
30 Ibid.
31 Ibid.
32 OLIVEIRA, C. M. R., *Metafísica e ética*, 14.

por Lima Vaz pode ser analisada de duas formas específicas: em sentido estrito e em sentido amplo. Além disso, Oliveira afirma que Lima Vaz, por utilizar em alguns momentos a metafísica como sinônimo de ontologia – caminho para o entendimento do ser –, acaba convertendo-a num estudo do Uno e do Múltiplo, definindo toda a sua filosofia como metafísica[33]. Entretanto, é preciso observar que a metafísica, para Lima Vaz, funciona como o referencial teórico para a análise e o repensar do presente, sendo o seu objetivo maior o de

> Encontrar um caminho que nos conduza ao pensamento metafísico como a um pensamento vivo no contexto histórico em que foi outrora exercido, caminho pelo qual possamos retornar trazendo a inspiração dessa vida para pensar os problemas de nosso tempo (tal é a razão essencial da *Erinnerung*[34]), eis a primeira tarefa a ser cumprida no nosso propósito de pensar a relação entre Tomás de Aquino e o destino da metafísica[35].

Lima Vaz não transforma a metafísica do ser de Tomás de Aquino em objeto de análise única – e aqui distancia seu pensamento da proposta dos dois comentadores –, muito menos a converte em proposição filosófica para a análise ontológica. Ele a utiliza antes como força especulativa "[...] na evolução do pensamento ocidental, [sendo] um dos episódios mais decisivos do seu roteiro teórico"[36]. Sua proposição, na prática, quer reavivar e revisitar a história da metafísica como a própria história da filosofia, contrapondo-se ao final prenunciado pelo racionalismo cartesiano e a objetificação do humano. É uma disposição indagadora acerca da existência, "[...] o mais metafísico de todos os problemas" – metafísica do *esse* – em que o fim da metafísica prenuncia o seu ressurgir como meio para a afirmação do ser na história, em permanente estado de enfrentamento das crises que se apresentam. Sendo a proposta vaziana essencialmente filosófica – e a filosofia, "[...] uma

---

33 Ibid.
34 Lima Vaz usa o termo em alusão à obra hegeliana, cujo significado ele traduz como "rememoração", aplicada ao ato de filosofar. Para aprofundamentos, cf. VAZ, H. C. de L., *Morte e vida da Filosofia* e *Escritos de Filosofia III*.
35 VAZ, H. C. de L., Tomás de Aquino. Pensar a metafísica na aurora de um novo século, *Síntese*, v. 23, n. 73 (1996) 159-207, aqui 173-174.
36 VAZ, H. C. de L., *Escritos de filosofia VII. Raízes da modernidade*, 90.

necessidade histórica, nascida de problemas que se originavam no seio da própria cultura"[37] –, no que tange à razão, ela se converte em "[...] uma necessidade teórica [...] [que] deve formular uma razão de si mesma na forma de uma *teoria* da cultura [...]"[38]. Dessa forma, a filosofia de Lima Vaz é, em verdade, uma autocrítica do tempo presente.

A terceira análise aponta para a essência dos textos de Lima Vaz, dedicando-se mais à pergunta sobre quais seriam os objetivos a que se propõe. Marcelo Perine apresenta a possibilidade de que a obra de Lima Vaz "[...] situa a questão do niilismo ético no centro de suas preocupações"[39]; consideração a que também chega Rubens Sampaio. Cláudia Oliveira, em seguimento às ponderações de Perine e Sampaio, admite similaridade às suas análises, acrescentando, porém, a resposta ao *enigma da modernidade*[40] como uma outra parte fundamental das obras de Lima Vaz, o que justificaria a predileção pela dialética metafísica de Tomás de Aquino[41]. Entretanto, em nossa análise, discordamos da posição assumida pelos comentadores, entendendo antes que a obra de Lima Vaz não pode ser limitada somente a um (linear) ou outro (cíclica) escopo. As questões que dão corpo à lógica das obras vazianas são as "[...] mesmas perguntas primeiras que a Razão tem diante de si e que renascem sob nova forma [...]"[42], em determinada conjuntura histórica. São "perguntas germinais, das quais recebe seiva e vida a árvore da Filosofia" que "[...] Kant como que reuniu nas quatro perguntas célebres as sementes de vida da Filosofia: *o que posso saber? O que devo fazer? O que me é permitido esperar? O que é o homem?*"[43].

Tendo como base essa explicação, as obras de Lima Vaz podem ser alocadas, cada uma a seu tempo, em respostas – no plural – à necessidade

---

[37] VAZ, H. C. de L., *Escritos de filosofia III. Filosofia e cultura*, 76.
[38] Ibid.
[39] PERINE, M., Violência e niilismo: o segredo e a tarefa da filosofia. *Kriterion*, Belo Horizonte, n. 106, p. 109, dezembro, 2002. Disponível em: <https://www.scielo.br/j/kr/a/cWw5BHSFTxNqM6PLyJ3FM3N/?format=pdf&lang=pt>. Acesso em: 10 ago. 2023.
[40] O *enigma da modernidade* é uma tese desenvolvida por Lima Vaz para explicar as transformações humanas, filosóficas e sociais que se dão no mundo pós-racionalismo cartesiano. O desenvolvimento dessa ideia se dará adiante, em 3. *Fenomenologia da modernidade*.
[41] OLIVEIRA, C. M. R., *Metafísica e ética*, 47.
[42] VAZ, H. C. de L., Morte e vida da filosofia, 13.
[43] Ibid.

(pelo *ser* e pelo *sentido*) e ao paradoxo (sobre o *ser* e o *sentido*) filosóficos[44] representados nessas quatro perguntas. A partir daí passa-se a falar de uma divisão das obras de Lima Vaz em dois blocos, como sugere João Mac Dowell[45], e que se adota, com ressalva, no presente livro. O primeiro bloco, chamado de *Filosofia Sistemática*, reúne as obras *Antropologia filosófica I* e *II*, *Introdução à ética filosófica I* e *II*[46], *Raízes da modernidade* e, no entendimento que se defende, com ressalva venial a Mac Dowell, *Ontologia e história*, *Ética e cultura* e *Filosofia e cultura*. No segundo bloco, por sua vez, denominado *Filosofia Crítica*, encontram-se os artigos editoriais, notas e diversas obras publicadas em periódicos e coletâneas[47], além de *Platônica*. Como a construção do presente trabalho prima pela filosofia sistemática, o objetivo será, portanto, apresentar cada uma das obras mencionadas em seu contexto e relação com a pergunta filosófica germinal. A cada uma dessas perguntas, correspondem textos que Lima Vaz se propôs a construir para discuti-las, formando seu arcabouço intelectual. Assim, a pergunta *o que posso saber?* contém o entendimento de Lima Vaz sobre a Teoria do Conhecimento; *o que devo fazer?* encontra fundamento na ética vaziana; *o que me é permitido esperar?* abre espaço para a análise filosófica da Religião; e, por fim, *o que é o homem?* contempla sua antropologia filosófica[48]. Cabe ressaltar que mesmo apresentando reflexões em pontos singulares da filosofia, as obras de Lima Vaz demonstram uma conexão e completude de extrema coerência epistemológica e apurada crítica. Em linhas gerais, o que move a produção vaziana é a pergunta fundamental "o que é o homem?"[49]; força da *atopia* filosófica que busca interpretar a "[...] cultura segundo a matriz do *lógos* filosófico"[50].

---

44 Vaz, H. C. de L., *Escritos de filosofia III. Filosofia e cultura*, 4.
45 Mac Dowell, J. A., História e transcendência no pensamento de Henrique Vaz, 11.
46 Cf. as reedições por Edições Loyola: *Antropologia filosófica* (2020) e *Ética filosófica* (2023). (N. do E.)
47 Ibid.
48 Vaz, H. C. de L., *Antropologia filosófica I*, São Paulo, Loyola, ¹²2014. Cf. Vaz, H. C. de L., Morte e vida da filosofia, 8-23.
49 Sobre a pergunta fundamental, é possível ver em *AF II*, especificamente na página 253, quando Vaz apresenta o esquema de sua antropologia, que o ponto de partida para a construção epistemológica é a pergunta "o que é o homem?".
50 Vaz, H. C. de L., *Escritos de filosofia III. Filosofia e cultura*, 16.

"*O que posso saber* situa-nos no terreno do tema *Ontologia e história*"[51]. Um dos primeiros textos publicados por Lima Vaz, em 1968, reeditado em 2001, é formado a partir de seus artigos publicados entre 1953 e 1963. Nesse primeiro movimento, ele faz um esforço para apresentar os conceitos da razão, as propriedades e princípios do ser, e a multiplicidade dos entes, determinando o limite da capacidade humana. A partir daí a presença da história é necessária para lidar com a temporalidade desse humano, seja na natureza seja na sociedade, legitimando a atividade do conhecer[52]. A capacidade de análise de Lima Vaz, apresentada no conjunto introdutório, abarca os pensadores mais influentes em sua história: Platão, Agostinho e Tomás de Aquino. Neste texto, dividido em duas partes – parte 1, *Ontologia*; e parte 2, *História* –, são objetos de análise, na primeira parte: *A dialética das ideias no Sofista*, em que se apresentam aspectos centrais da dialética platônica; *Itinerário da ontologia clássica*, uma análise primeira da metafísica de Tomás de Aquino em contraposição ao modelo ontológico grego; *A metafísica da interioridade – Santo Agostinho*, discussão profunda acerca do entendimento do Absoluto e do *Esse*, bem como o papel de Agostinho para a civilização ocidental, através das suas posições sobre a ética; *Ciência e ontologia da natureza* apresenta, de maneira detalhada, suas posições sobre a relação entre o sujeito/objeto a partir da análise da filosofia da ciência; por último, nessa primeira parte, há *Marxismo e ontologia*, em que Lima Vaz aponta quais seriam as contribuições e auxílios que a revisitação à obra de Marx traria ao tempo presente.

Já na segunda parte, em que o objeto de estudo passa a ser a História – campo em que a realização do sujeito é possível –, Lima Vaz aponta os primeiros passos sobre sua leitura acerca da razão moderna. Não se trata de um abandono da visão clássica – até porque ele nunca a abandonou, ressalte-se –, mas de uma releitura das obras de Hegel, desligando-se de vez da leitura das obras de Marx. O texto se encerra com uma análise preliminar da visão de sujeito e homem, o que mais tarde virá a ser sua antropologia filosófica, cujos traços se repetem na segunda obra.

---

[51] Ibid.
[52] Ibid.

"O tema *Ética e Cultura* move-se no âmbito da pergunta *o que devo fazer?*"[53]. A segunda dimensão da obra de Lima Vaz, em verdade, divide-se em uma dupla análise: antes, porém, é preciso levantar algumas posições assumidas pelo filósofo em seus livros: 1) *Escritos de filosofia II. Ética e cultura*, publicado em 1988, em que apresentam-se materiais inéditos que tratam de aspectos centrais da ética. *Fenomenologia do ethos, Do ethos à ética, Ética e razão, Ética e direito, Ética e ciência* são alguns dos capítulos escritos com vistas a demonstrar as reflexões primeiras do ideário metafísico vaziano, que se converte no fundamento primal de sua ética, não se colocando, porém, como a base para a redação dos *Escritos de filosofia IV e V: Introdução à ética filosófica 1 e 2*, em que estão contidos os aspectos sistemáticos da ética. 2) *Escritos de filosofia III. Filosofia e cultura*, de 1997, sintetiza a leitura de Lima Vaz acerca da relação da filosofia com a cultura, campo propício para o eclodir da prática filosófica, que, por sua vez, acaba por modificar a cultura, obrigando-a a uma autofundamentação. Dividido em três partes, o livro apresenta um caminho para o entendimento da relação que se estabelece entre a filosofia, a cultura e a ética. Esta parte da obra de Lima Vaz é certamente a mais relevante para a discussão que se propõe este livro e será aprofundada nos capítulos a seguir.

A compreensão da relação entre filosofia e cultura é ponto fundante para o entendimento da ética vaziana. Isso se deve, principalmente, pelo fato de que Lima Vaz entende que a "[...] dialética da relação filosofia-cultura está na origem das vicissitudes históricas que acompanham os primeiros passos do modo de vida filosófico"[54]. Assumindo, como visto, que a filosofia de Lima Vaz apresenta a composição de um caminho que leva à resolução para a questão do humano, e que esse humano carece de uma orientação para que seja capaz de indagar-se sobre si mesmo, e que esse caminho aponta para a ética, fica claro que o único meio para tal feito é o espaço cultural-histórico-filosófico. Eis o ponto de partida para uma dialética primeira de Lima Vaz.

Compreendida a relação entre a ética e a cultura, é preciso voltar a atenção para as obras que contêm a sistematização da ética vaziana. *Escritos de filosofia IV. Introdução à ética filosófica 1*, de 1999, e *Escritos de filosofia V.*

---

[53] Ibid.
[54] Ibid., 9.

Introdução à ética filosófica 2, de 2000, voltam-se para a relação problemática – no sentido filosófico – do humano, logo, voltam-se à antropologia e à ética. Com vistas a solucionar a crise da modernidade – que será objeto de análise deste trabalho –, Lima Vaz apresenta um itinerário ético para o resgate do humano, marcado pela perda da capacidade de ser e do sentido. A ética vaziana pode ser compreendida a partir de uma dupla dimensão: a do agir ético e a da vida ética, unidas na sintetização da pessoa moral[55]. A partir daí, Lima Vaz se propõe a traçar um "[...] perfil tridimensional da *práxis*, que decorre da estrutura ternária da atividade pensante: estrutura subjetiva, intersubjetiva e objetiva"[56]. O agir ético, por sua vez, envolve o desenvolvimento da ação do indivíduo ético (subjetividade), que se realiza, consequentemente, na comunidade ética (intersubjetividade), em que a prática é norteada pela disposição normativa do *ethos* presente (objetividade). A relação dialética que se apresenta converte-se, assim, nas categorias da ética, que "[...] segue os momentos da universalidade, da particularidade e da singularidade para cada uma das três estruturas constitutivas do agir ético"[57]. Na prática, a proposta de Lima Vaz busca "[...] conciliar a necessidade do *dever* com a contingência de um *fazer* solicitado pela infinita diversidade das situações num mundo em vertiginosa aceleração histórica"[58]. Realidade que se perfaz pela busca do Bem e da Verdade, alçados a partir da prática racional, movimento primeiro da filosofia, da liberdade do humano garantida por essa mesma razão.

"*O que me é permitido esperar?* Eis aí uma pergunta que nos envolve inapelavelmente com a *vexatissima quaestio* sobre as relações entre *Filosofia e Cristianismo*"[59]. Aqui, por mais que haja uma obra de Lima Vaz que busca fundamentar suas ponderações sobre a relação entre filosofia e cristianismo – *Escritos de filosofia I. Problemas de fronteira* –, essa obra não pode ser tomada como parte de sua filosofia sistemática. Isso pelo fato de que a obra é composta por uma seleção de artigos publicados entre 1963 e 1984 que tratam de variados temas ligados às questões teológicas e cristãs, sem uma direta relação entre si. Entretanto, isso não quer dizer que Lima

---

55 SAMPAIO, R. G., *Metafísica e modernidade*, 28.
56 Ibid.
57 Ibid.
58 Ibid.
59 Ibid.

Vaz não se dedicou a debater a relação entre filosofia e cristianismo, principalmente pelo fato – inegável – de que ele é um filósofo cristão. Seu pensamento, como bem ressalva Mac Dowell, "[...] se desenvolve, contudo, no âmbito da fé cristã e da vivência eclesial"[60]. Essa condição traz à tona uma disposição fundamental para o entendimento das obras de Lima Vaz. Não é possível pensá-lo fora de seu contexto, longe de seu lugar de fala. É preciso considerar o filtro eclesiástico-cristão de Lima Vaz no desenvolvimento de sua filosofia, preconizado na ideia de que

> [...] só as dimensões da "consciência histórica" suscitada pela revelação bíblico-cristã parecem suficientemente amplas para envolver os espaços culturais abertos pela revolução científica dos tempos modernos; só sua exigência de anterioridade parece suficientemente profunda para firmar a transcendência do homem sobre o mundo, da pessoa sobre as coisas e os instrumentos [...][61].

Evidentemente que o objetivo ao trazer a supracitada reflexão é demarcar o viés cristão de Lima Vaz. Porém, é preciso observar que tal pensamento se refere a um dos primeiros escritos de Lima Vaz, não figurando como uma das obras da maturidade, como o caso de *Escritos de filosofia VII. Raízes da modernidade*. Outro ponto de necessária observação é a influência que ele recebeu ao longo de sua formação, como já visto, de filósofos cristãos, tais como Santo Agostinho e Santo Tomás de Aquino, que permaneceram "vivos" nas construções filosóficas e figuravam ao lado de Kant, Hegel, Platão e outros. É possível observar, portanto, que em todas as obras de Lima Vaz há a presença de sua base cristã, de tal maneira que, em sua plenitude intelectual, ele faz questão de separar a leitura religiosa da filosófica, demonstrando que tal preocupação sempre o acompanhou.

"Enfim, a pergunta *o que é o homem?*, na qual, segundo Kant, todas as outras irão desaguar, leva-nos ao próprio coração do tema *Antropologia e História* [...]"[62]. Nesta parte da construção da filosofia de Lima Vaz se concentra a propositura antropológica. Marcada pelas produções reunidas nas

---

[60] MAC DOWELL, J. A., História e transcendência no pensamento de Henrique Vaz, 16.
[61] Vaz, H. C. de L., *Escritos de filosofia VI. Ontologia e história*, São Paulo, Loyola, 2012b, 213.
[62] VAZ, H. C. de L., Morte e vida da filosofia, 14.

obras *Antropologia filosófica I*, de 1991, e *Antropologia filosófica II*, de 1992, a busca pelo entendimento do humano, ou pela resposta à pergunta germinal kantiana, acaba por determinar o marco da filosofia vaziana. Há autores, inclusive, como o caso de Rubens Sampaio[63], que defendem serem esses livros a chave para a compreensão de toda a obra de Lima Vaz. Entretanto, o próprio Lima Vaz, em uma entrevista presente no livro *Conversas com filósofos brasileiros*[64], apresenta a seguinte consideração sobre a sua antropologia:

> [...] c. Em seguida citarei o conceito fundamental da Antropologia filosófica, ou seja, o "ato de existir" do ser humano enquanto *expressividade*. A metafísica e a antropologia filosófica abriram-me o caminho para a ética [...]. O conceito fundamental aqui recebido de Platão e Aristóteles é o conceito de *Bem*, que se apresenta como conceito metafísico, sendo um conceito transcendental coextensivo com o ser, e como conceito antropológico, definindo como Fim a estrutura teleológica do ser humano como ser que se autodetermina para o Bem. Esses dois conceitos fundamentais, antropológico (Eu como expressividade) e ético (Bem), guiaram-me [...][65].

A antropologia, para Lima Vaz, não é o centro, ou a chave, que abre as portas para seu pensamento, mas sim uma curva reflexiva no caminho da compreensão do ser. Ela é parte da construção lógico-dialética de seu pensamento, cumprindo com o coroar de suas reflexões. A essência do pensamento, assim, evidencia-se na metafísica: roteiro epistemológico usado por Lima Vaz para compor sua base reflexiva. O centro de seu pensamento está contido na metafísica de Tomás de Aquino, relida a partir da influência de Maréchal, como demonstrado anteriormente. A proposta que se segue é a do estabelecimento da compreensão do humano, suas dimensões e problemas enfrentados. De outra forma, é tarefa da antropologia – e a de Lima Vaz o faz – propor uma ideia de homem, justificá-la criticamente e sistematizar essa mesma ideia.

---

63 SAMPAIO, R. G., *Metafísica e modernidade*, 21.
64 NOBRE, M.; REGO, J. M., *Conversas com filósofos brasileiros*, São Paulo, 34, 2000, 29-44.
65 NOBRE, R. *Conversas com filósofos brasileiros*. São Paulo: 34, 2000, 36-37.

No livro *Antropologia filosófica I*, Lima Vaz apresenta uma divisão dos estudos antropológicos a que se propõe. A primeira parte é dedicada à construção histórica, em que são apresentadas as concepções clássicas – partindo da época arcaica até o neoplatonismo –, a cristã-medieval – que vai da concepção bíblica até a Escolástica –, a concepção moderna – tendo como ponto de partida o humanismo e terminando em Kant –, e a concepção contemporânea – que apresenta uma leitura que considera o idealismo alemão como ponto de partida, até a ideia de ser pluriversal da filosofia atual. Na segunda parte, encontra-se a sistematização da antropologia de Lima Vaz, que começa apresentando o objeto e o método da antropologia filosófica, suas categorias e sistemas, as dimensões e a metodologia, culminando, nessa introdução, com a estrutura do sujeito e o apontamento das linhas fundamentais da antropologia. A partir daí, Lima Vaz apresenta uma nova divisão da obra, à qual identificará como primeira seção.

Na primeira seção da segunda parte do livro I, Lima Vaz começa a desenvolver as estruturas fundamentais do humano partindo das definições do corpo, corporalidade e transcendentalidade, avança para a proposição do psiquismo, do espírito, e termina apontando algumas discussões sobre a vida segundo o próprio espírito. Discussões que incidem, basicamente, sobre o tema da inteligência.

A partir do livro *Antropologia filosófica II*, Lima Vaz retoma a divisão de seções, apresentando a segunda seção da segunda parte de sua antropologia. É especificamente nessa parte que ele fará um esforço filosófico para apresentar as categorias fundamentais do humano, motor da sua antropologia. Tomadas como referências para a ética vaziana, a construção da obra obedece ao esquema lógico-metafísico – busca pela significação do *esse* – que parte da objetividade, intersubjetividade e transcendência. Na terceira seção expõe-se a parte final da antropologia, em que Lima Vaz apresenta uma discussão acerca da unidade do ser humano partindo das categorias da realização e da pessoa. A conclusão da obra é, em verdade, uma espécie de síntese – resumo – do que se apresentou. Neste ponto, entretanto, Lima Vaz apresenta em forma de organograma toda a sua reflexão antropológica, funcionando como roteiro para a compreensão do humano. É, na prática, um movimento que retorna à pergunta fundamental sobre o humano.

Entre as obras sistemáticas de Lima Vaz há ainda a de sua maturidade filosófica: *Estudos de filosofia VII. Raízes da modernidade*, de 2002.

Seguindo a densidade da reflexão filosófica, característica do pensamento de Lima Vaz, esta obra apresenta a síntese de seus pensamentos, construindo um itinerário para a compreensão da crise do humano, levantada pela prática racional, que passa a ser resolvida com a aplicação dos princípios metafísicos, através de uma construção dialética. Lima Vaz não só explana como se deu o eclodir dessa crise, bem como apresenta os caminhos históricos, culturais e filosóficos que levaram a tal, sempre através de reflexões fundamentadas dos autores e de suas obras na medida em que avança pelos séculos. O término da obra se dá com a proposição de um futuro para a metafísica, não longe das proposições de Tomás de Aquino: rememoração do ser pela sua leitura ontoteológica.

Evidentemente a obra não se esgota tão só nessa breve análise. Certos aspectos demandam desenvolvimento aprofundado, pois é exatamente a modernidade a chave para a compreensão do pensamento de Lima Vaz. Além do que, para o presente texto, a compreensão dos aspectos relativos a essa análise acerca da modernidade – fenomenologia da modernidade –, é que darão margem para a construção do entendimento de uma *Bioética Dialógica* em Lima Vaz. Assim, a proposta é seguir analisando de maneira específica e detalhada cada ponto discutido por Lima Vaz sobre as raízes da crise do humano na modernidade.

2.2. *Méthodos* dialético

A primeira proposição a ser colocada na análise do que Lima Vaz determina como *méthodos* é que ele não é um método. Isso porque se método pode ser entendido como um conjunto de regras ou disposições normativas com vistas a orientar a razão no processo científico, ele não se relaciona com a dialética. A dialética não pode ser tomada como um emaranhado de regras, "[...] ou esquemas de pensamento a ser aplicado indiferentemente a qualquer conteúdo"[66]. O procedimento dialético obedece às diferenças dos conteúdos estudados, adequando-se ao momento histórico e ao contexto cultural em que estão inseridos. Exatamente por tal feito é que é considerado

---

[66] VAZ, H. C. de L., Método e dialética, in: BRITO, E. F. de; CHANG, L. H. (org.), *Filosofia e Método*, São Paulo, Loyola, 2002c, 9.

um procedimento permanentemente em aberto: uma dialogia, cujas partes se completam[67].

O *méthodos* de Lima Vaz tem origem no grego, sendo o seu significado traduzido, literalmente, como caminho[68]. Trata-se de estabelecer um processo de inquirição (*zétesis*) com vistas a orientar a resolução de um problema ou dificuldade (*aporia*) pelo caminho do diálogo. Isso se evidencia quando se dirige os olhos às obras gregas clássicas, como as de Platão, e se observa o discorrer de discursos (*lógos*) – mormente entre interlocutores –, perpassando por ideias distintas (*diá-logos*), em busca de uma razão fundamental, ou Ideia suprema. Dessa forma, é possível apresentar um caminho dialético, e o caminho dialético de Lima Vaz se apresenta a partir de "[...] oposições e relações de contrariedade no interior da própria afirmação primordial da inteligência: o Ser é"[69].

A afirmação do ser à qual Lima Vaz se atenta e, consequentemente, elabora as bases primeiras de sua filosofia e intenções é fruto de um episódio da história intelectual ocidental, especificamente o terceiro desses eventos, pois "o primeiro foi o nascimento da razão grega, o segundo, a assimilação da filosofia antiga pela teologia cristã e o terceiro, o advento da razão moderna"[70]. É a partir da razão moderna, e dos desafios daí oriundos, que Lima Vaz parte para estabelecer um caminho dialético que questiona a razão no seio da cultura moderna. Esse caminho dialético vaziano passa, obrigatoriamente, pela metafísica, pois "somente elevando-se ao pensamento do ser verdadeiro (*alethes ón*) e do princípio absoluto (*arché anypóthetos*), a dialética poderá responder às *aporias* daquela cultura [...]"[71].

O caminho dialético de Lima Vaz não é, e não pode ser por força de sua posição epistemológica, algo pronto, definido e lógico-formal. Lima

---

67 Aqui reside o principal argumento do presente livro. Em Lima Vaz, não há, como parte do movimento dialético-metafísico, a proposição de regras e normas de reflexão. Seu discurso obedece ao movimento próprio daquilo que se estuda, ou da *aporia* a qual busca a razão. Toda a sua filosofia varia de acordo com o conteúdo estudado, articulando ideias em busca da superação de problemas e dificuldades. É o que justifica a existência de uma *Bioética Dialógica*, como se verá no capítulo 3.
68 Vaz, H. C. de L., Método e dialética, 9.
69 Ibid.
70 Vaz, H. C. de L., *Escritos de filosofia VII. Raízes da modernidade*, 11.
71 Vaz, H. C. de L., *Escritos de filosofia III. Filosofia e cultura*, 31.

Vaz reconhece que o conteúdo estudado tem seu próprio desenvolvimento, sua inteligibilidade. Ele parte, portanto, de um conteúdo elementar, que "[...] tem início com a suprassunção, por meio do argumento de retorsão, da mais primitiva oposição, a que opõe o *ser* ao *nada* [...]"[72]. A partir dessa dinâmica, é que a oposição do *uno* e do *múltiplo* dá início ao caminho metafísico. Caminho que Lima Vaz optou por seguir com o auxílio da dialética hegeliana, revisando Platão, por Tomás de Aquino.

---

[72] VAZ, H. C. de L., *Escritos de filosofia VII. Raízes da modernidade*, 158.

CAPÍTULO 3
Fenomenologia da modernidade

A proposta de estudo da modernidade é, de certa forma, um ponto nevrálgico das obras de Lima Vaz. É a partir dela, e para responder aos seus efeitos e eventos, que ele se propõe construir um caminho para resgatar o humano. Por mais que compreenda a modernidade como o espaço para a interpretação das transformações intelectuais do Ocidente[1], evidenciando o fator complicador que foi o advento da razão moderna, a real influência que ele recebeu veio de uma época anterior, uma vez que os textos que tratam da modernidade foram redigidos entre 1997 e 2001. Em verdade, no artigo publicado em 1991 na Revista *Síntese Nova Fase*, intitulado *Além da Modernidade*, Lima Vaz apresenta uma análise do livro *Theology and social theory. Beyond secular reason*, de John Milbank[2], voltada para a interpretação de uma crítica à modernidade fundada numa vertente teológica cristã. É exatamente nesse artigo que reside a primeira posição assumida por Lima Vaz acerca da modernidade que, em síntese, pode ser representada no seguinte fragmento:

> No momento em que a teoria social moderna chega ao termo de um caminho aberto pela intenção fundamental que a trouxe até aqui, qual seja a de explicar a sociedade exclusivamente em termos de "razão secular", e se vê forçada a reintegrar nessa explicação a

---

[1] Vaz, H. C. de L., *Escritos de filosofia VII. Raízes da modernidade*, 18.
[2] Milbank, J., *Theology and social theory. Beyond secular reason*, Oxford, Blackwell, 1990.

dimensão mítico-religiosa — seja embora o mito niilista do nãosentido universal — a teologia não somente aceita o postulado da secularização, mas vai pedir em empréstimo à teoria social sob a forma de mediações socioanalíticas, as categorias e métodos de análise com que pretende conduzir sua leitura teológica da sociedade[3].

O que se percebe, num primeiro momento, é que a crise da modernidade se apresenta como um problema de situação da teologia como meio para explicação da realidade e do caminho para o sentido do existir humano em relação ao absoluto. De outra forma, a discussão apresentada quer traçar um caminho para o posicionamento do cristianismo, e seus valores, no contexto da razão científica da modernidade. O resultado primeiro dessa investida, presente no texto de Milbank, que irá influenciar diretamente as posições de Lima Vaz, é a construção de "[...] uma alternativa para o *niilismo* [...][4]"; *niilismo* este que é o ápice da crise da modernidade.

Na sequência do desenvolvimento analítico das argumentações de Milbank, Lima Vaz constata a existência de quatro blocos temáticos que são colocados de maneira cronológica e desenvolvem temas que se relacionam com a teologia: Liberalismo, Positivismo, Dialética e Diferença, traçando, assim, alternativas aos questionamentos levantados na pós-modernidade. Além dos blocos temáticos, Lima Vaz aponta que o núcleo da obra de Milbank consiste em construir uma "[...] oposição radical e última entre uma ontologia do conflito e uma ontologia da paz"[5], que pode ser traduzida por uma "dialética da realidade"[6], que passa pelas lições da ética da história de Hegel. Tais observações são de extrema importância, pois, em sua produção filosófica, especificamente aquela voltada para a interpretação da modernidade, Lima Vaz usará do caminho dialético hegeliano, pautado por uma releitura platônica, tendo em vista o resgate da metafísica como resposta à questão existencial humana.

---

[3] VAZ, H. C. de L., Além da modernidade, *Síntese Nova Fase*, v. 18, n. 53 (1991a) 241-254, aqui 241-242.
[4] Ibid., 243.
[5] Ibid., 244.
[6] Ibid.

O texto de Milbank, continua apontando Lima Vaz, define, ainda, o ponto de surgimento de uma "razão secular" e as práticas dela derivadas. Ela, a "razão secular",

> [...] é uma "construção" que tem início na tarda Idade Média sob a forma de uma nova "ciência política" que justamente "constrói" seu objeto a partir das ideias de *conatus* (autopreservação) e de *dominium* (soberania absoluta), aplicadas aos indivíduos e às comunidades[7].

Para Milbank, essa posição assumida pela "ciência política" medieval torna-se o marco ideológico da modernidade, especialmente pelo fato de que a teologia passa a ser interpretada pela "razão secular" e "científica", sendo utilizada como uma forma de ação do Estado moderno. A essa realidade se junta a transformação do tempo proposto por Maquiavel, "[...] que substitui o tempo histórico da *charitas* cristã pelo tempo mítico do *fatum* pagão"[8]. Ambas as realidades são, para Lima Vaz, os fundamentos da "razão secular", que darão origem à *teoria social*; "[...] imaginário simbólico da *modernidade*"[9].

Essas duas considerações presentes em Milbank também serão objetos de estudos de Lima Vaz. Em suas obras, Lima Vaz se propõe a traçar, primeiro, uma rota de análise da Idade Média, em que ele acredita estarem as causas da crise da modernidade. O primeiro grande evento desse período, destaca Lima Vaz, foi a adoção do latim como léxico filosófico da Europa, que se converterá na base formativa da Filosofia Moderna, ponto de partida para a formação da Razão ocidental[10]. O segundo evento se dará nas universidades. Como um espaço corporativista, fechado em si mesmo, em parte autônomo, ali foi possível o eclodir de diversas teorias, muitas vezes divergentes, que funcionaram como o eixo intelectual e cultural da modernidade. Será, portanto, na universidade, que se assistirá ao embate entre a dimensão teológica – marcada pela visão Patrística – e a dimensão filosófica – embasada na filosofia grega antiga, resgatada pela Escolástica – especialmente a

---

7 Ibid., 245.
8 Ibid.
9 Ibid.
10 VAZ, H. C. de L., *Escritos de filosofia VII. Raízes da modernidade*, 18.

de Tomás de Aquino. Embate este que assume a forma de uma contraposição entre fé e razão[11].

O terceiro evento é fruto do embate permanente entre fé e razão. Ele abrirá a possibilidade para o surgimento de três linhas de pensamento distintas, que culminarão no movimento final para o eclodir da crise. A primeira linha, voltada ao pensamento platônico, propunha uma análise da realidade a partir de patamares ontológicos, que correspondem a uma transcrição *noética*. A segunda linha, derivada do neoplatonismo plotiniano, queria uma disposição da ordem da realidade diretamente oposta à proposta platônica original. Partindo do Uno, os patamares ontológicos promovem um movimento de descida, acompanhando a possessão dos seres. A terceira linha, oriunda da teologia cristã, propõe a interpretação da realidade a partir do evento crístico da Encarnação. A história da salvação passa a ser a referência espaço-temporal que orienta a humanidade[12].

O quarto evento, caracterizado por Lima Vaz como o culturalmente mais importante, é a introdução da filosofia greco-islâmica no mundo latino. Com ela, o aristotelismo ganhará força, por ser o cerne teórico dessa leitura filosófica, o que, em consequência, abrirá uma forte frente reacionária antiaristotélica por parte dos defensores do pensamento latino, pouco evidenciada pelos historiadores. A presença do pensamento de Aristóteles nos campos do saber medieval promoverá uma alteração no entendimento e na proposição de problemas filosóficos em áreas como a metodologia, a epistemologia, a antropologia, a ontologia, a ética e a política. O efeito último dessa transformação será, aos olhos de Lima Vaz, a "[...] passagem da ontologia da *essência* para a ontologia da *existência*"[13], significação profunda da crise da Idade Média, que acabará levando à discussão de três eixos específicos da crise da *modernidade*: *conhecer, ser* e *agir* – que ainda serão abordados neste livro.

O papel do tempo, em Lima Vaz, assim como para Milbank, coloca-se como fator central para o desenvolvimento do *enigma da modernidade*[14], que acaba por gerar a crise na qual ela se encontra. Isso pelo fato de que a

---

11 Ibid., 55.
12 Ibid., 53.
13 Ibid., 72.
14 Cumpre ressaltar que o *enigma da modernidade* foi anteriormente mencionado no capítulo 1 e será retomado adiante de maneira aprofundada.

constituição dessa mesma modernidade se dá mediante o surgimento da razão como reguladora do sistema simbólico social, o que pode ser atestado já na Grécia do século VI a.c., como demonstra Lima Vaz[15]. Dentro dessa reorganização simbólica fundamental está a percepção e a consciência do tempo, o que permite a releitura do presente, como um ato puro da razão, que, por consequência, possibilita a condição do existir humano. Entretanto, as posições acerca do papel do tempo no desenvolvimento da crise da modernidade, bem como na formação do humano, serão abordadas posteriormente.

A terceira parte do livro de Milbank, analisada por Lima Vaz, apresenta, inicialmente, uma posição crítica sobre a crítica hegeliana à modernidade. Tal consideração objetiva um enfoque numa suposta falha de Hegel ao construir a crítica, uma vez que há, em Milbank, segundo Lima Vaz, "[...] comprometimento do metadiscurso dialético forjado por Hegel com o *lógos* da *modernidade*"[16]. Entretanto, apesar de apresentar uma suposta falha do pensamento hegeliano, a dialética por ele proposta acaba por se converter no caminho primordial para o encontro de uma leitura acerca da presença cristã no mundo moderno. É no diálogo com diversas correntes, e na consequente contraposição de ideias, que Milbank aponta para uma superação da "razão secular". Entretanto, os pontos frágeis da teoria hegeliana, como observa Lima Vaz, colocam-se no caminho para o *niilismo* pós-moderno. Tais pontos podem ser entendidos como

> [...] a noção cartesiana de subjetividade, a estrutura dialética (constituída pelo que Milbank denomina o "mito da negação") do processo lógico e do processo histórico, e a noção de infinito, dialeticamente construída, e que seria incompatível com a radicalidade do criacionismo bíblico-cristão[17].

A divergência aberta com Hegel acaba por levar Lima Vaz a criar respostas aos apontamentos de Milbank – que serão tratadas cm capítulo próprio, quando se apresentarem os caminhos da dialética vaziana, para se evitar repetições e eventuais redundâncias. Isso pelo fato de que, para Lima Vaz, Hegel é uma referência primordial, desde seu encontro aprofundado,

---

15 VAZ, H. C. de L., *Escritos de filosofia III. Filosofia e cultura*, 221.
16 VAZ, H. C. de L., Além da modernidade, 246-247.
17 Ibid.

em 1970, com as obras hegelianas, funcionando como bastião crítico e sistemático da filosofia vaziana. Ele é o "[...] último grande filósofo cuja obra manifesta a ambição de traduzir no conceito o longo trabalho do Espírito no tempo – as vicissitudes da história humana como o desdobrar-se de uma dialética da cultura"[18].

A parte final da obra de Milbank, analisada por Lima Vaz, traz uma contraposição ao *niilismo* nietzschiano, perpassando pelas filosofias de Heidegger, Deleuze, Lyotard, Foucault e Derrida. Nelas, é possível encontrar um ponto de convergência na "genealogia historicista" por meio da "ontologia da diferença", o que leva ao *niilismo* ético. Dessa forma,

> a ideologia da pós-*modernidade* configura assim um imenso *mythos* neopagão ou pós-cristão, narrando a história do ser como a história de uma violência original que se difunde como resultado da radical prioridade da diferença sobre a unidade, e implicando a infinita disseminação de estratégias de poder, que tecem por sua vez a trama do acontecer das sociedades humanas ao longo do tempo. Esse *mythos* é, se seguirmos o fio das análises de Milbank através da sucessão das formas da "razão secular" do século XVII aos nossos dias, o último avatar dessa razão e o último traço da autodescrição, enfim acabada, da *modernidade* – sua exata *épure* ideológica[19].

A construção dessa história do ser – *mythos* – e sua relação com o homem pelos aspectos culturais formadores concentra-se, fundamentalmente, na superação da proposta cristã do absoluto, o que justifica uma ação direta que proponha a rememoração da essência do ser. Essa orientação proposta por Milbank pode ser encontrada nas obras de Lima Vaz, nas quais há uma constante busca pelo resgate das dimensões humanas – conhecer, ser e agir – pela necessária reflexão filosófica na cultura. É a busca pela afirmação do ser contra a negação proposta pelo *niilismo*[20], a "tragédia no ético", como aponta Hegel, parafraseado por Lima Vaz, é a "[...] recusa da

---

[18] VAZ, H. C. de L., *Escritos de filosofia III. Filosofia e cultura*, 46
[19] VAZ, H. C. de L., Além da modernidade, 250.
[20] As análises que Lima Vaz faz sobre o *niilismo* e suas consequências serão analisadas adiante.

normatividade da *forma*, a revolta da liberdade criadora contra a medida ontológica presente na *ideia*"[21], que leva "[...] [à] perda do humano no agir e na obra do homem"[22].

O último capítulo da obra de Milbank analisada por Lima Vaz dedica-se a uma outra crítica da modernidade, agora preconizada por A. MacIntyre, para quem a saída encontrada para a superação do *niilismo* está no retorno à crítica socrática ao relativismo dos sofistas, efetivando a restauração de uma ontologia da virtude. Trata-se da proposta de aceitação de um "[...] *lógos* universal filosófico, de linhagem platônico-aristotélica, e que se exprime na dialética"[23]. O que propõe MacIntyre, em verdade, é uma retomada da *areté* grega como saída para o *niilismo* relativista da *modernidade*. Milbank se levanta contra essa possibilidade, apontando algumas divergências – cinco, especificamente – em relação à disposição fundamental da *areté*:

> [...] a) o problema do relativismo, surgindo da particularidade do *ethos* que rege normativamente a prática da virtude; b) dialética e retórica na conceptualização aristotélica da virtude; c) contemplar, agir e fazer em Aristóteles; d) a concepção aristotélica da *phrónesis* e a *charitas* cristã; e) as antinomias da razão ética grega: *polis* e *oikos*, *polis* e *psyché*, deuses e gigantes ou unidade e diferença[24].

Curiosamente, o caminho escolhido por Lima Vaz para apoiar suas análises é um retorno, uma retomada, das obras de Platão e dos escritos de Hegel, como visto anteriormente. Isso pelo fato de que eles representam "[...] dois modelos dessa reordenação [recriar o mundo das coisas e dos homens] e, igualmente, duas possibilidades que podemos considerar arquetípicas, de interpretação da cultura, segundo a matriz do *lógos* filosófico"[25]. A escolha por Platão, em particular, deve-se ao fato de que ele criou uma estrutura do modo de pensar filosófico, saindo do fisicismo e avançando para o campo das Ideias. Pois é pela "[...] presença do inteligível (*noeton*) no discurso humano, como fundamento do "dar razão" (*logon didonai*), é que permite

---

[21] VAZ, H. C. de L., *Escritos de filosofia III. Filosofia e cultura*, 96.
[22] Ibid.
[23] Ibid.
[24] MILBANK, J., *Theology and social theory*, 340.
[25] VAZ, H. C. de L., *Escritos de filosofia III. Filosofia e cultura*, 16.

desfazer as aporias da sensível (*aisthetón*) e do opinável (*doxaston*)"²⁶. Em suma, Lima Vaz opta pela construção de uma dialética da Ideia²⁷ como resposta à desrazão promovida pela modernidade por conta da perda da capacidade de interpretação do tempo presente, ou, como em Hegel, pela "dilaceração da existência histórica". Tal movimento recai sobre a cultura, que "[...] se realiza no tempo como história do *lógos*"²⁸, o que obriga a filosofia a restaurar a razão e reorientar o humano para o Bem.

A parte final do texto de Milbank é dedicada a apresentar uma espécie de roteiro epistemológico para o enfrentamento da crise, especificamente para redefinir a proposta de ação da teologia cristã em resposta à "razão secular":

> a) delinear a contra-história da gênese da comunidade eclesial que, a partir da sua própria emergência, é capaz de narrar o enredo de toda história (*the story of all history*); b) descrever a contra-ética da prática "diferente" que surge dessa contra-história: distinta da ética pré-cristã (MacIntyre) e radicalmente crítica do *niilismo* ético pós-cristão (pós-*modernidade*); c) articular a contra-ontologia implícita na narrativa e na ação cristãs; d) fazer refletir a sua contra-história sobre a própria história da Igreja, na forma de uma autocrítica sobre o destino do contra-Reino que se manifesta no destino da Igreja²⁹.

Ao se analisar detalhadamente o caminho trilhado por Milbank é possível, em analogia às obras de Lima Vaz, estabelecer uma espécie de semelhança de proposições, ou mesmo reflexões pontuais a cada uma das proposições apresentadas. A letra *a* de Milbank pode ser equiparada a *Ontologia e história* e *Filosofia e cultura*, de Lima Vaz; a *b*, a *Introdução à ética filosófica I e II*; a letra *c* volta-se para uma semelhança de caminho com *Antropologia filosófica I e II*; e a *d* pode ser associada à *Raízes da modernidade*. Ainda que

---

26 Ibid.
27 Cf. Ibid.: "[...] a dialética da Ideia como releitura filosófica do mundo humano significa uma ordenação ao Uno e uma explicação, a partir do Uno, do múltiplo que se manifesta no mundo dos homens como desordenado e insensato e que é representado, segundo Platão, pela desmesura da *hýbris* e, segundo Hegel, pela dilaceração (*Entzweiung*) da existência histórica".
28 Ibid.
29 VAZ, H. C. de L., Além da modernidade, 252.

não haja uma discussão direta do papel da teologia cristã nas obras de Lima Vaz, é preciso considerar, como já apresentado, que se trata de um filósofo eminentemente cristão. Uma segunda consideração fundamental a ser feita dentro dessa análise reside no fato que as obras de Lima Vaz – de filosofia sistemática ou de crítica – assumem posições por vezes divergentes das de Milbank. Há, ainda, uma ponderação acerca dos dois pensadores: Lima Vaz reconstrói interpretações de filósofos que Milbank considera impossíveis de serem associados ao cristianismo[30], especialmente Platão e Hegel. Em Lima Vaz, a revisão conceitual que será realizada, além de recolocar tais influências no contexto de relevância para o pensamento cristão, proporcionará um avanço na interpretação epistemológica das produções e discussões que elas promovem. A visão de Lima Vaz vai além das limitações de Milbank, pois, na prática, o embate real se dá entre o pensamento agostiniano de Milbank e a leitura hegeliana-tomista-platônica de Lima Vaz. Ademais, é preciso considerar que o caminho escolhido pelo primeiro é essencialmente teológico; já, pelo segundo, eminentemente filosófico.

Apesar de compreender que a análise desenvolvida por Lima Vaz sobre a modernidade se apresenta apenas na obra de sua maturidade filosófica, *Raízes da modernidade*, que ela pode ser tomada como conclusão de um caminho que parte da ontologia-metafísica, passa pela antropologia e alcança a ética. Em nossa visão, porém, será necessário inverter essa cronologia. A fenomenologia da modernidade será tomada como ponto de partida, pois a tese que se quer apresentar, sobre a *Bioética Dialógica* em Lima Vaz, depende dos eventos ocorridos e das consequências deles na mesma modernidade. As outras obras, especificamente a antropologia e a ética filosófica, são análises complementares que surgem das questões levantadas por Lima Vaz a partir da crise da modernidade[31].

---

30 MILBANK, J., *Theology and social theory*, 340.
31 VAZ, H. C. de L., *Escritos de filosofia VII. Raízes da modernidade*, 219.

CAPÍTULO 4
Aspectos fundantes da *modernidade*

Apresentados os pressupostos teórico-conceituais que levaram Lima Vaz a propor uma epistemologia da modernidade, é preciso seguir por essas linhas orientadoras para compreender, como objetivo fundamental de sua reflexão, o humano, suas crises e as soluções encontradas. Uma delas, particularmente importante para nossa proposta, convencionou-se chamar de *Bioética Dialógica*. Cumpre ressaltar que a questão central que move as reflexões de Lima Vaz volta-se para a busca do resgate da significação da existência humana a partir de uma análise histórico-cultural-filosófica não sem se preocupar com a dimensão espiritual: eis o movimento fenomenológico. Uma fenomenologia da modernidade supõe voltar a atenção para a própria história do humano e sua *práxis* cultural, seu modo de ser e agir, vislumbrando os impactos das ideias "[...] elaboradas no mundo intelectual na organização social, nas instituições, na escala dos valores, nas crenças e, finalmente, na consciência comum"[1]. É, portanto, o paradoxo inicial da filosofia, onde se desenvolve um saber racional com a intenção de compreender a realidade[2], além de sua tarefa primordial, restaurando a sensatez.

O itinerário de uma fenomenologia da modernidade propicia a percepção de que há um novo humano em vias de surgimento, partindo de um modelo completamente diferente daquele que se tinha como referência. Esse

---
[1] VAZ, H. C. de L., *Escritos de filosofia VII. Raízes da modernidade*, 12.
[2] VAZ, H. C. de L., *Escritos de filosofia III. Filosofia e cultura*, 83. Ibid., 245.

entendimento obriga a filosofia – que tem por função questionar o tempo presente – a propor a seguinte indagação:

> Como se constitui o novo sistema de ideias e de representações do mundo, do próprio ser humano e da transcendência que desencadeou o irresistível processo de transformação histórica do qual emergiu a *modernidade*?[3]

A resposta direta a essa pergunta obriga o levantamento do contexto temporal em que toda a mudança ocorre, bem como das consequências práticas desse movimento. Para Lima Vaz, o ponto de partida se dá no entendimento dos grandes eventos intelectuais da história, como citado anteriormente. O desenvolvimento da razão grega – entendido como primeiro evento – não representa somente o surgimento da criticidade ou da autofundamentação filosófica: uma vez transformada a razão em fonte primeira da criação simbólica de um povo – especificamente o grego – há a substituição das disposições míticas e poéticas pela lógica racional e seu ordenamento. Na prática, há uma nova fundamentação social em suas bases de sustentação e explicação; uma inédita visão de mundo que coloca a Ideia, em sua busca verdadeira, como a essência do humano, para, a partir dela, explicar o contexto do real.

A segunda consideração importante nesse breve percurso histórico que se delineia é o momento de passagem da filosofia antiga para a teologia cristã; ou a assimilação de uma pela outra, como aponta Lima Vaz[4]. Tal assimilação não se deu somente no campo teórico-conceitual: ela provocou uma releitura da origem do humano, o surgimento de uma nova concepção de Deus e de uma original personificação de divindade, o que desloca o problema do homem-natureza[5], pois: "[...] ao *cosmocentrismo* da antropologia antiga (identidade da Natureza e do divino), substitui-se o teocentrismo da antropologia cristã (radical diferença de Deus e da Natureza)"[6]. Assim,

> A natureza perde a sua prerrogativa de *arché* ou princípio originário e de *kanon* ou regra última do agir humano, como também

---
[3] VAZ, H. C. de L., *Escritos de filosofia VII. Raízes da modernidade*, 29.
[4] Ibid.
[5] VAZ, H. C. de L., *Escritos de filosofia III. Filosofia e cultura*, 104.
[6] Ibid.

o de ser o *télos*, o fim que acolhe definitivamente e reabsorve no seu seio todos os caminhos do homem. Com efeito, ela deixa de ser o *Lógos* originário, ordenador e normativo segundo os estoicos, atribuição agora conferida ao *Lógos* de Deus, por quem todas as coisas foram feitas[7].

O lançar da Ideia como fundamento da natureza humana, portanto o Uno que explicava o Múltiplo, para a propositura de um Deus pessoal como o *lógos* criador do universo, o absoluto, que exerce o domínio sobre o mundo e a história, obriga o homem a repensar o seu lugar na natureza e na própria história. Há uma espécie de destituição da dimensão sobrenatural presente até então no humano, que se transfere para uma divindade pessoal, forçando o humano a trilhar um novo caminho que o leve de volta para a transcendência: *ascensus ad Deum per scalam creaturarum*[8].

O terceiro movimento histórico que marca a mudança promovida na modernidade provém das transformações ocorridas no campo cultural. Não se trata de remontar o roteiro doutrinal de Lima Vaz, apresentado anteriormente, mas de complementar algumas posições, à luz das transformações culturais, que, unindo-se àquelas analisadas, constroem esse corpo fenomenológico da modernidade. Nesse sentido, a principal referência de alteração cultural foi a retirada do princípio sacral da natureza. É a mudança de sentido da *arché* primordial que acabou levando à dessacralização realizada pela tecnociência moderna. Como consequência desse evento, o cristianismo também acaba perdendo sua centralidade, dando lugar, no que tange à proposição de valores e ideias, à ciência e suas descobertas. Assim, a dinâmica natureza-cultura assiste, e adere, a mudança do mundo "[...] pré-científico e pré-técnico para o mundo científico-técnico"[9], cuja consequência é a "[...] unificação e homogeneização da Natureza sob a égide dos modelos físico-matemáticos que se sucedem de Newton a nossos dias"[10], que modifica a compreensão de mundo, questiona a presença do humano nesse mesmo mundo e estabelece uma nova ideia de cultura que se converte no problema da modernidade.

---

7 Ibid.
8 Ibid.
9 Ibid., 108.
10 Ibid.

É a *cultura* entendida como razão *ativa*, que avança sobre a *natureza* oferecida aos seus projetos, para transformá-la, criando assim um mundo humano em face do qual não deverá subsistir, em princípio, uma natureza independente ou indiferente[11].

A relação humano-natureza acaba por se converter, pois, no estopim da modernidade, levando à pergunta motriz de Lima Vaz: "quais são os *fins* de uma cultura que tem como matriz a razão científica e que deve submeter aos padrões de racionalidade dessa matriz todas as suas obras em todos os seus campos: ético, político, artístico, religioso?"[12]. Admitindo ser a cultura o espaço de ação da filosofia e seu instrumento, o questionamento, é por essa filosofia que se buscará estabelecer considerações acerca da questão fundamental do homem lançado na história: a busca pelo sentido do ser e do existir.

O caminho (*méthodos*) de Lima Vaz traça uma proposta que parte da reflexão analítica dos aspectos que caracterizam essa modernidade; é um voltar-se sobre si mesmo, visando os pontos fundantes que levam à eclosão da crise da modernidade. Na prática, o que ele propõe é o "[...] estudo da refração das ideias elaboradas no mundo intelectual, na organização social, nas instituições, na escala dos valores, nas crenças e, finalmente, na consciência comum"[13]. A escolha da modernidade se deve, primordialmente, pela obrigação do filósofo na busca pela totalidade do ser. Cabe ao filósofo pensar o seu tempo na inteligibilidade radical e apontar as evidências da existência da *doxa* em detrimento da promoção da *aletheia*. Esse movimento é percebido por Lima Vaz ao se propor compreender o humano moderno e as transformações palas quais passa a cultura moderna, de modo especial no que tange à rejeição da dimensão espiritual/metafísica. O impacto primeiro dessa condição será sentido na passagem da primazia da *essência* – característica do pensamento antigo – pela *existência*, motivada pelas transformações ocorridas no então século XIII, marcado pela retração da metafísica, chegando finalmente ao seu ponto alto: o *Cogito* cartesiano – especificamente em 1629, ano em que Descartes compunha suas *Regulae ad*

---
11 Ibid.
12 Ibid.
13 VAZ, H. C. de L., *Escritos de filosofia VII. Raízes da modernidade*, 12.

directionem ingenii[14]. Essa ruptura histórica ocasionará, como consequência direta, uma crise dos valores que impactará a cultura. Tal condição passa a dificultar o próprio entendimento do ser e da sua existência.

A definição de modernidade pode ser apontada, primeiro como provinda do "[...] advérbio latino *modo* que significa primeiramente 'há pouco' ou 'recentemente' (*modo veni*, 'cheguei há pouco')"[15], estabelecendo uma relação direta com a "novidade" que se apresenta nas questões ora debatidas. Lima Vaz enfatiza, entretanto, que o uso do termo modernidade se encontra desgastado, tendo se convertido quase que em um objeto utilizado como referencial de moda. Está na moda falar da modernidade. Diante disso, urge explicar o modo com o qual a filosofia de Lima Vaz se encontra com o termo e dele faz uso. O aspecto primeiro é observar, como assevera Lima Vaz, que o uso do termo em suas obras será tratado como uma categoria filosófica. Isso implica uma distinção fundamental da modernidade filosófica das adoções de outras áreas, ou outras ciências, como a antropologia, a sociologia ou a política, pois a análise vaziana está fundada num momento anterior a essas concepções, e mesmo ao surgimento dessas ciências em particular. Tomar a modernidade como uma categoria filosófica significa assumir a prática de uma "[...] leitura do *tempo* pela razão filosófica"[16]. Dessa forma, é possível assumir uma determinada "[...] equivalência conceptual, de modo que podemos afirmar que toda modernidade é fundamentalmente filosófica, ou que toda Filosofia é expressão de uma modernidade que se reconhece como tal no discurso filosófico"[17]. Há uma necessidade de traduzir essa modernidade por meio da Filosofia.

O segundo ponto a se ter em vista na busca pela explanação de como Lima Vaz compreende e utiliza o termo modernidade reside na compreensão de que ela pode ser considerada "o universo simbólico formado por razões elaboradas e codificadas na produção intelectual do Ocidente nesses últimos quatro séculos e que se apresentam como racionalmente legitimadas"[18]. Essa posição significa considerar todos os referenciais recebidos pelo humano,

---

14 DESCARTES, R., *Regulae ad directionem ingenii. Cogitationes privatae.* Hamburg: Felix Meiner Verlag, 2011.
15 VAZ, H. C. de L., *Escritos de filosofia III. Filosofia e cultura*, 225.
16 Ibid.
17 Ibid.
18 VAZ, H. C. de L., *Escritos de filosofia VII. Raízes da modernidade*, 7.

seja no campo filosófico ou científico e que, de alguma forma, afetam a realidade, a cultura e a história desse mesmo humano. Trata-se, de maneira direta, do "terreno da urdidura das ideias que vão, de alguma maneira, anunciando, manifestando ou justificando a emergência de novos padrões e paradigmas da vida *vivida*"[19]; e, ainda, "o domínio da vida *pensada*, o domínio das ideias propostas, discutidas, confrontadas nessa esfera do universo simbólico que [...] denominamos *mundo intelectual*"[20].

Com o intuito de estabelecer um caminho para a análise dos principais aspectos da concepção de Lima Vaz sobre a modernidade, apresentaremos três posições distintas, que se unem para promover a dialética do tempo presente, "[...] continuidade e descontinuidade, primeiramente, entre mito e razão, depois entre filosofia antiga e teologia cristã, finalmente entre teologia cristã e razão moderna"[21]. Partindo do estabelecimento dos traços intelectuais da modernidade, é possível alcançar o fator principal gerador da crise: a (in)consciência do tempo, que revela o *enigma da modernidade* e, consequentemente, abre espaço para o desenvolvimento de uma crise profunda, que alcança seu ápice na proposição do *niilismo* metafísico e ético. Essa condição altera a disposição do sentido do ser, modifica a relação com o absoluto, com a natureza, apresentando a objetificação como caminho para a superação da crise. Essa pseudoideia de liberdade arrasta o ser para seu ponto mais obscuro, em que o seu futuro passa a ser incerto graças à negação da *essência* metafísica pela *existência* da razão moderna. Por fim, o caminho para a mudança, ou o resgate do ser supõe a volta, a rememoração e o resgate da metafísica, campo primeiro da filosofia – e único para Lima Vaz – da significação do *conhecer*, do *ser* e do *agir*.

4.1. Os traços intelectuais da *modernidade*

Os traços intelectuais da modernidade[22], seus fundamentos epistemológicos e, obviamente, práticos – pois alteram a disposição histórico-cultu-

---

[19] Ibid., 12.
[20] Ibid.
[21] Ibid., 11.
[22] Lima Vaz dedica boa parte dos *Escritos de filosofia VII. Raízes da modernidade* à análise dos fatores que possibilitaram a eclosão da epistemologia da modernidade, repassando todos os séculos anteriores. Entretanto, como nosso trabalho

ral –, são derivações diretas das "raízes" teóricas oriundas da Idade Média. Essas raízes são eminentemente intelectuais, pois é no campo das proposições das ideias que se iniciam a transformação e a disposição de um sistema simbólico novo, que, posteriormente, dará vida à razão moderna. Uma vez apresentados os eventos históricos específicos a partir dos quais foi possível compreender as bases da formação moderna é necessário estabelecer, como assevera Lima Vaz, três traços fundamentais para a compreensão do tempo presente[23].

O primeiro traço diz respeito à "[...] relação de objetividade do ser humano com o mundo"[24]. Essa ideia parte da aceleração da passagem do mundo *natural* ao mundo *técnico*, após o século XVII[25]. Esse movimento obriga, por parte do humano, uma adaptação, quase forçada, ao mundo da "exatidão", abandonando o mundo do "aproximadamente". Aqui, a capacidade de inovação tecnológica, que se perfaz de uma velocidade de transformação inigualável, torna-se um dos referenciais primordiais "[...] de um tempo rigorosamente regido pelo *presente* da razão técnica"[26]. Tal condição modifica a relação do indivíduo com o seu mundo objetivo, na qual o ser cede seu lugar cognoscente – que tem na busca da razão o movimento primeiro – aos objetos em si, que acabarão como os responsáveis pela significação do ser na modernidade[27].

O segundo traço intelectual "[...] manifesta-se no domínio das relações *intersubjetivas*"[28]. Essa condição se faz presente no contexto da modernidade, com o aparecimento da categoria indivíduo. Aqui, indivíduo passa a ser definido como o ser social que compreende a relação entre o tempo e

---

versa sobre bioética, optou-se pela sintetização desse período, o que não empobrece a discussão e a análise.
23 VAZ, H. C. de L., *Escritos de filosofia VII. Raízes da modernidade*, 13.
24 Ibid., 15.
25 Cumpre ressaltar que quando Lima Vaz se refere à formação do mundo moderno, bem como apresenta sua disposição como técnico, ele não propõe uma compreensão idealista que se sobreponha ao desenvolvimento da cultura material. Para ele, existe uma intercausalidade dialética entre os componentes infraestruturais e estruturais da cultura, que se modificam segundo sua própria dinâmica, mantendo uma relação com as disposições ideais do simbolismo da *razão*.
26 VAZ, H. C. de L., *Escritos de filosofia VII. Raízes da modernidade*, 15.
27 Ibid.
28 Ibid.

a interferência direta dele no contexto da vida, e, assim, passa a depender dessa relação. A capacidade de mensuração do tempo, assumida no contexto da modernidade, acarretará mudanças na prática formativa, laboral, lúdica, familiar. Para Lima Vaz, tal fenômeno está "[...] inadequadamente descrito como *individualismo*"[29], pois, em verdade, é na modernidade que o humano perde a sua individualidade, sua identidade, e dá lugar à dinâmica do ser outro, ou ser no outro. Lima Vaz acrescenta a essa condição a dimensão social, que, em verdade, acaba por promover a alienação do ser, forçando-o a alcançar uma suposta autonomia, a se posicionar no contexto das inúmeras propostas sociais, quando, de fato, o que se assiste é uma dissolução da capacidade de autofundamentação e do questionar-se, o abandono do eu em detrimento do outro, ponto paradoxal da modernidade: ao mesmo tempo em que há o encontro da subjetividade, pelo *sum* cartesiano, abre-se espaço para a negação dessa mesma subjetividade ao abandonar sua identidade[30].

O terceiro traço, marcado por Lima Vaz como o mais complexo e significativo, manifesta-se na "[...] relação fulcral do ser humano enquanto habitante de um universo de símbolos que denominamos relação de *transcendência*"[31]. Nesse contexto reside a possibilidade única de que a vida humana seja possível, pois apresenta uma estrutura necessária para o universo simbólico. O evento modernidade recoloca essa estrutura, propondo a abolição da dimensão metafísica e a colocação da existência humana como fonte primordial de

> [...] autotranscendência desdobrando-se na esfera da imanência: instituições do universo político, na construção do mundo técnico, na concepção autonômica do agir ético, na fundamentação teórica, da visão de mundo[32].

A profunda mudança provocada por essa colocação da existência do humano como autotranscendente – que desloca a proposta do Princípio transcendente – fez-se possível graças ao surgimento de uma razão

---

[29] Ibid.
[30] Ibid.
[31] Ibid., 16.
[32] Ibid.

estruturalmente operacional, que se diferencia em inúmeras outras racionalidades. "Ela impõe historicamente a centralidade do Eu racional e fundamenta a sequência: Eu transcendental, Indivíduo universal, Eu social"[33].

Essa sequência passa a responder pela instituição e avaliação dos sentidos vividos pelo humano, o que demarca uma reviravolta na disposição anterior, na qual a função era exercida pela existência do então Princípio transcendente[34]. Entretanto, apesar de ser o ponto sensível do itinerário intelectual da modernidade, Lima Vaz ainda faz uma ressalva quanto à condição transcendental: "[se] partirmos em busca da raiz intelectual mestra, da qual brotou o paradigma da autotranscendência, iremos encontrá-la muito provavelmente no tema matricial do pensamento na Idade Média: as relações entre fé e razão"[35].

Apesar de não figurar como um traço intelectual da modernidade, a busca pela definição de uma dimensão axiológica acaba sendo um dos pontos mais discutidos dentro do universo de estudos e pesquisas. Entretanto, as obras de Lima Vaz não são voltadas para a busca de definição acerca dessa axiologia da modernidade. Para ele, o esforço precisa ser concentrado numa disposição genética dessa mesma modernidade. Esse caminho, porém, não abandona a leitura hermenêutica clássica que fomenta o caminho da análise do tempo presente de Lima Vaz: a dialética entre continuidade e descontinuidade, mencionada anteriormente. A aplicabilidade dessa dialética busca encontrar o momento de ruptura entre o eminentemente *novo* da modernidade e o esquecimento do antigo. É somente a partir da ruptura que se torna possível a interpretação da existência histórica do humano[36]. Cumpre observar que o

> [...] paradigma da *ruptura* só é pensável na pressuposição de uma continuidade que se rompe. Essa pressuposição nos impõe pensar o *novo* como *negação* dialética do *antigo* que lhe dá origem. No acontecer histórico não há, evidentemente, nenhuma emergência do absolutamente *novo*. A continuidade do tempo subjaz a todas as mudanças. O paradigma da *ruptura* deve ser inicialmente

---

33 Ibid., 17.
34 Ibid.
35 Ibid.
36 Ibid.

formulado segundo os termos da relação que continua a unir *antigo* e o *novo* no desenrolar histórico de sua separação[37].

Admitindo que a modernidade provém de uma ruptura com a Idade Média, fundamentalmente cristã, um dos pontos fundamentais se torna a negação do cristianismo e de suas bases axiológicas. As proposições que surgirão da modernidade serão, em sua maioria, argumentos, ideias, ações, princípios, diretamente opostos às definições cristãs, culminando no Iluminismo do século XVIII. Entretanto, como visto, não é possível desvincular a modernidade do cristianismo, pois é exatamente aí que estão "[...] propostos diversos paradigmas e, neles, as categorias de uma *axiologia* da *modernidade*. No centro dessas interpretações, está o fenômeno da *ruptura*"[38].

O movimento de ruptura não atinge somente o campo histórico, mas avança em outros pontos de estabilidade da vida como um todo, alterando a estrutura social e cultural: "[...] crenças, ideias, mentalidades, atitudes, práticas sociais"[39].

Toda essa análise primeira em busca dos traços intelectuais da modernidade aponta as profundas transformações ocorridas a partir do advento da razão moderna, que lançou suas teias inclusive na filosofia. Essa proposição de contextos e novas premissas provoca uma mudança na relação do humano com o tempo, o que altera a própria consciência do tempo – símbolo fundamental para organização do mundo. "Verifica-se aqui a emergência de um *presente* qualitativamente novo onde se exerce o *ato da razão*"[40]. A alteração da consciência do tempo, no entendimento deste trabalho, abre margem para o surgimento do *enigma da modernidade*, que culmina com o eclodir da crise.

4.2. A (in)consciência do tempo

Admitindo que a razão é a instância reguladora do sistema simbólico da sociedade, como já visto anteriormente, e compreendendo as alterações provocadas pelo fenômeno da ruptura, evidencia-se o surgimento de um

---
[37] Ibid., 18.
[38] Vaz, H. C. de L., *Escritos de filosofia VII. Raízes da modernidade*, 19.
[39] Ibid.
[40] Ibid., 13.

novo tempo, marcado pelo *cogito* cartesiano, que se coloca como absoluto. Tal condição aponta para o inevitável avanço da capacidade humana de domínio desse mesmo tempo, seja no campo da demarcação cronológica dos eventos ou no campo dos hiatos temporais. Apresentam-se, assim, as ciências empíricas do tempo, como destaca Lima Vaz[41], as do "[...] tempo *físico*, diretamente matematizável (astronomia, física), seja do tempo *humano*, ordenado na narração de eventos e atores segundo um paradigma peculiar de causas e efeitos (história)"[42]. O que se assiste, a partir daí, é a possibilidade de modalização do tempo, de sua marcação, que passa a alterar a relação com a temporalidade – capacidade de compreensão do tempo. O presente se irrompe do constante "novo" da medida temporal, o que abre espaço para o desenvolvimento de uma tensão entre a "*regularidade* do tempo físico na precisão infinitesimal da sua medida e a *aceleração* do tempo histórico"[43]. O efeito direto propiciado por essa condição será a ruptura da tensão, a perda da capacidade de controle sobre o presente[44].

Considerando que é no presente que se encontra a possibilidade da construção crítica do tempo histórico, e que há, por parte do humano, um descontrole na condução desse mesmo tempo, abre-se espaço para o desenvolvimento de uma espécie de vazio, em que tudo e todos, especialmente no campo dos valores, serão colocados como insuficientes, e, dessa forma, rapidamente substituídos por novos referenciais. Assim, numa *neofilia*, o humano se abre para o desejo permanente do novo, que supostamente ressignifica o presente atendendo às necessidades obsessivas ininterruptas e insaciáveis, majoritariamente objetificadas, e, como consequência, abandona o passado e não vislumbra a possibilidade de um futuro. Lima Vaz se posiciona diante desses efeitos provocados pela perda da compreensão temporal, admitindo que existe, na modernidade, uma "síndrome de obsolescência"[45]. Não há espaço para a construção da identidade do ser; o sentido se perde na ausência de norte; o conhecer, o ser e o agir ficam à mercê das significações oriundas dos objetos e da razão científica, controladora do tempo.

---

[41] VAZ, H. C. de L., *Escritos de filosofia VII. Raízes da modernidade*, 13.
[42] Ibid.
[43] Ibid., 14.
[44] Ibid.
[45] Sobre este aspecto, cf. *Escritos de filosofia VII. Raízes da modernidade*, p. 14, nota 5.

Uma segunda consequência da perda do controle do tempo está ligada à consciência. Ao se postular que consciência – assim como sustenta Hegel, e, logo, Lima Vaz – nada mais é do que autoconhecimento, e que sua função primordial é o conhecer, chega-se à posição primeira de que a ação fundamental do humano é indagar-se em busca do sentido do ser, partindo da cultura e da história, primeiro passo na busca da verdade. Entretanto, se a constituição da consciência se dá no tempo histórico, que o humano, por conta da perda do controle do presente, não mais consegue compreender e administrar, inevitavelmente levará à impossibilidade de se alcançar a consciência, fomentando uma inconsciência do humano. Assim, o que se tem como resultado da ação do tempo na modernidade nada mais é do que a construção de uma razão científica, esvaziada do *sentido do ser*, que impossibilita, em verdade, a existência da Ideia. A razão científica, portanto, ao mesmo tempo que promove a subjetividade do humano, pela suposta autonomia racional desvinculada do transcendente, anula a disposição fundamental de uma verdadeira construção da subjetividade: a consciência.

Uma terceira consequência da inconsciência do tempo encontra-se na disfunção da filosofia moderna. Em princípio, a filosofia sempre se apresentou como aquela responsável por encontrar um modelo ideal para conduzir o mundo humano – boa parte das vezes perdido em suas condições – ao Uno, à unidade em si. É ela, por excelência, quem obriga a uma autofundamentação nos domínios da cultura, na história. A posição questionadora da filosofia, dessa forma, é o que possibilita a subsistência do humano, em suas dimensões crítica, metafísica e ética. Ao perder a capacidade de controle do presente, impossibilitando a promoção da consciência, a razão científica acaba por se colocar como aquela responsável pela indagação da modernidade. Esse efeito leva a filosofia para o campo da mundanização, na qual haverá a inversão da *crítica filosófica*, "[…] antes voltada para a desordem do sensível, agora apontando para a transcendência do inteligível […]"[46], promovendo a "[…] desconstrução da tradição *metafísica* e *ética* que assegurara por mais de dois milênios a identidade espiritual da cultura do Ocidente"[47]. A filosofia moderna, assim, acaba por promover sua transformação mais profunda, renunciando sua "função" primeira para aceitar as proposições

---

[46] VAZ, H. C. de L., *Escritos de filosofia III. Filosofia e cultura*, 15.
[47] Ibid.

da racionalidade científica. Ela "[...] deixa de ser vocação para tornar-se profissão e é obrigada a integrar-se nos enormes mecanismos burocráticos da sociedade da produção e do consumo"[48].

Se a filosofia se propõe a "captar o tempo no conceito"[49], esse tempo do conceito "[...] se constituía, na verdade, pelo entrelaçamento do tempo *histórico* e do tempo *lógico* que tecem a trama da tradição filosófica como intrínseca ao próprio ato de filosofar"[50]. A substituição do tempo *lógico* pelo tempo *mecânico* impede que a análise histórica aconteça, em que há, por consequência, a inexistência do filosofar. Viver e compreender somente o presente pelo presente anula a própria filosofia, modificando o sentido e o ser, abrindo margem para o *"enigma da modernidade"*.

---

[48] Ibid., 26.
[49] VAZ, H. C. de L., Morte e vida da filosofia, 17.
[50] Ibid., 19.

CAPÍTULO 5

O enigma da modernidade

O *enigma da modernidade*, proposto por Lima Vaz como um caminho para a compreensão dos acontecimentos da modernidade, funciona como o eixo central da construção de sua reflexão filosófica e disposição teórico-conceitual que demarcará as razões para o surgimento de uma *Bioética Dialógica*. Nesse sentido, é fundamental que se apresentem os arranjos teóricos fundantes e suas respectivas posições. Com esse intuito, há três visões que se sobressaem por serem as dos principais estudiosos e estudiosas da obra de Lima Vaz e adotadas por inúmeros outros autores e autoras que discutem o pensamento vaziano, sempre com a finalidade de explanar o que o autor compreende por *enigma da modernidade*. Ressalta-se, porém, a discordância conceitual que aqui apresentamos, com vênia máxima, uma vez que não há entendimento semelhante nos mesmos autores e autoras e suas posições. Com o intuito de facilitar a compreensão das reflexões, bem como das análises realizadas neste livro, será disposta cada uma das colocações dos comentadores seguida da contraposição.

A primeira proposição adotada é a de Marcelo Perine, que apresenta o *enigma da modernidade* como uma interpretação aperfeiçoada do *niilismo* de Nietzsche. Trata-se da interiorização do ato moral que estabelece um caminho partindo do *tu deves*, passando pela proposição do *eu quero* e alcançando o *eu sou*[1], seu último estágio.

---

[1] PERINE, M., Niilismo ético e filosofia, in: ID. (org.), *Diálogos com a cultura contemporânea*, São Paulo, Loyola, 2003, 61.

É com esse *niilismo* ético, denunciado e anunciado de maneira tão impressionante por Nietzsche, que a reflexão de Henrique Vaz se defrontou longa e silenciosamente nas últimas três décadas da sua vida filosófica. [...] O *niilismo* ético pode ser tomado como a chave de compreensão para o que Henrique Vaz chamou de "enigma da modernidade"².

Perine ainda se utiliza de um fragmento textual de Lima Vaz, especificamente retirado do artigo *Ética e civilização*, publicado na Revista *Síntese Nova Fase*, em 1991, a saber:

> Trágico paradoxo de uma civilização sem ética ou de uma cultura que no seu impetuoso e, aparentemente, irresistível avanço para a universalização, não se fez acompanhar pela formação de um *ethos* igualmente universal, que fosse a expressão simbólica das suas razões de ser e do seu sentido³.

Além dessa citação, Perine ainda fundamenta com um terceiro fragmento, retirado do artigo *Ética e comunidade*, publicado na mesma revista e mesmo ano: "[...] o enigma de uma civilização tão prodigiosamente avançada na sua razão técnica e tão dramaticamente indigente na sua razão ética"⁴. Fica claro que, para ele, o *enigma da modernidade* se resume à impossibilidade da construção de um modelo ético universal – *niilismo*, portanto –, para a própria civilização moderna que se coloca como a primeira civilização plenamente universal. Perine continua seu texto apresentando os motivos que levam ao *niilismo* ético, e o faz dividindo em três fatores: 1) a ruptura com o *ethos*; 2) a ruptura com a concepção de tempo na modernidade; e 3) a ruptura com o transcendente presente nas normas e nas ações, o que Lima Vaz chamou de imanentização do *sentido* e do fundamento do *valor*⁵.

A segunda posição a ser analisada é a de Cláudia de Oliveira, que atenta para o fato de que o surgimento do *enigma da modernidade* se deve à

---

² Ibid.
³ Vaz, H. C. de L., Ética e civilização, *Síntese Nova Fase*, v. 17, n. 49 (1990), 5-14, aqui 10.
⁴ Vaz, H. C. de L., Ética e comunidade, *Síntese Nova Fase*, v. 18, n. 52 (1991b), 5-11, aqui 10.
⁵ Perine, M., Niilismo ético e filosofia, 61.

atribuição de "[...] primazia à razão técnico-científica"[6] em detrimento das demais racionalidades. Em verdade, trata-se da imposição da objetividade técnico-científica à condição humana, que, de outra forma, é a busca pela categorização do utilizável. Essa nova condição, portanto, leva o humano a "[...] uma crise de sentido e de orientação em meio à abundância"[7]. A consequência final, para Oliveira, será a negação da subjetividade, o que impede a orientação e a busca pelo sentido da vida humana.

A crise de sentido e orientação provocada pela razão técnico-científica promove a eclosão de uma racionalidade matemática, que volta sua atenção e coloca, como o fundamento de suas práticas, o todo quantitativo. Dessa forma, admitindo que o todo é composto por partes, sempre divisíveis, homogêneas em sua natureza, significa que o contexto de controle da razão técnico-científica produz, por sua vez, uma multiplicação de objetos possíveis dentro dessa mesma realidade, com o foco no utilizável[8]. Assim, os objetos frutos da produção científica obedecem ao critério central de utilidade prática.

> [...] por apoiar-se exclusivamente na ideia de utilidade, o processo cumulativo dirigido pela razão instrumental não é capaz de avaliar autenticamente os próprios produtos. Em consequência, a dialética do produzir-usar própria da cultura moderna faz surgir, paradoxalmente, uma crise de sentido e de orientação em meio à abundância[9].

A crise de sentido, nascida a partir da dialética do produzir-usar, é o que consequentemente desencadeia os *niilismos* metafísico e ético, mantendo o enigma da existência humana como insolúvel. Isso se dá pelo fato de a ciência e a capacidade técnica não conseguirem responder à indagação fundamental do humano sobre a sua existência, devido a sua constituição abstrata, não se limitando aos modelos físico-matemáticos[10].

A terceira concepção acerca da análise do *enigma da modernidade* pertence a João Mac Dowell. Para ele, o processo de entendimento desse

---

6 OLIVEIRA, C. M. R., *Metafísica e ética*, 59-60.
7 Ibid.
8 Ibid.
9 Ibid., 62-63.
10 Ibid.

enigma parte do modo como Lima Vaz interpreta o *ethos* – o conjunto dos valores, costumes e leis de determinada cultura. Em sua abrangência e função, esse *ethos* permite determinar o comportamento social dos indivíduos membros de uma certa comunidade, alcançando, como fim último, o Bem e a Justiça. Cumpre observar a necessidade da elaboração de um *ethos* universalmente aceito, que funcione como referência fundamental da ação dos indivíduos. O ponto de dificuldade em se admitir tal condição para o *ethos* na modernidade reside no fato de que tanto o individualismo quanto a diversidade cultural dos povos impedem que se alcance um consenso. Para Mac Dowell, Lima Vaz parte dessa necessária reflexão sistemática do humano, em busca de solucionar a *crise da modernidade*[11].

O fragmento central do pensamento de Lima Vaz, no qual Mac Dowell deposita sua interpretação, apresenta o questionamento da transformação do uso da liberdade em comparação com a vontade de ser livre. É aqui que reside a essência do *niilismo* ético.

[...] todos os meios vão se tornando acessíveis para o *uso* da liberdade, enquanto vão se obscurecendo, uma a uma, as *razões* de ser livre. É essa, propriamente, a essência do *niilismo ético* e é essa a bandeira ideológica levantada pelos arautos da pós-modernidade. *Usar* ilimitadamente da liberdade sem conhecer os *fins* da liberdade: tal prática social que se difunde universalmente como sucedâneo aético do que deveria ser o *ethos* da primeira civilização universal[12].

A incapacidade e a impossibilidade da construção de um *ethos* universal que se ajuste aos modelos e necessidades da modernidade é o que determina, para Mac Dowell, citando Lima Vaz, "[...] o enigma inscrito na face da modernidade e que vem desafiando o generoso idealismo dos projetos revolucionários de fundação de uma nova história"[13].

Uma vez apresentadas as três principais explicações acerca do *enigma da modernidade*, é preciso apontar as divergências interpretativas e epistemológicas em relação ao que esses comentadores colocam. O caminho esco-

---

[11] MAC DOWELL, J. A., História e transcendência no pensamento de Henrique Vaz, 14-15.
[12] VAZ, H. C. de L., *Escritos de filosofia III. Filosofia e cultura*, 137.
[13] VAZ, H. C. de L., Ética e comunidade, 6.

lhido para construir um novo entendimento do *enigma* de Lima Vaz passa pela demonstração de como essas leituras são, em parte, insuficientes, não demonstrando a essência da *aporia* da modernidade.

A primeira divergência que se abre, dentro do pensamento de Marcelo Perine, diz respeito à adoção, por parte de Lima Vaz, de um suposto modelo do *niilismo* ético de Nietzsche. Nesse caso, à luz das obras de Lima Vaz, o que propõe Nietzsche não tem relação com o *niilismo* ético vaziano. Isso pelo fato de que o próprio Lima Vaz, numa entrevista concedida em 1994, afirma que o pensamento de Nietzsche não apresenta influência direta em seus pensamentos, apesar de reconhecer o papel dele na história da Filosofia.

Uma segunda questão acerca do pensamento de Nietzsche, que impossibilita a relação deste com Lima Vaz: para ele, a proposição nietzschiana aponta para uma desconstrução da semântica ocidental, o que viabiliza a negação da epistemologia grega, especialmente a socrática, fundamental para o desenvolvimento do pensamento vaziano[14]. Essa negação, apresentada inicialmente no pensamento de Heidegger, acaba se mostrando no próprio desenvolvimento das ideias de Nietzsche, como bem sustenta Marcelo F. Aquino[15].

A terceira questão se apresenta na possível influência do *niilismo* nietzschiano, que reside no fato de que a proposição, ou o entendimento de Lima Vaz acerca do *niilismo ético*, associa-se ao que o filósofo alemão definiu. Entretanto, é preciso observar que, para Lima Vaz, é a "[...] negação do ser que bem podemos denominar o *niilismo ético* da cultura, a 'tragédia do ético', que seria propriamente a perda do humano no agir e na obra do homem"[16]. Não se presencia a afirmação do ser, como em Nietzsche, mas a negação deste. Não há disposição moral, pois não há construção de um *ethos* universal. Como não há a compreensão do tempo presente, a condição humana fica relegada ao nada, ao contrário do que sustenta Nietzsche, que admite o nada a partir da supremacia do ser.

Em sequência à proposta de Perine, é preciso mencionar a escolha do fragmento textual retirado do artigo *Ética e civilização*, publicado

---

[14] VAZ, H. C. de L., *Depoimento de Henrique Vaz*.
[15] AQUINO, M. F. Vaz. Intérprete de uma civilização arreligiosa, *IHU On-line Jesuítas*, v. 1, n. 186 (2006) 34-43, aqui 39.
[16] VAZ, H. C. de L., *Escritos de filosofia III. Filosofia e cultura*, 96.

primeiramente em 1990, revisto e modificado por Lima Vaz e republicado como parte dos *Escritos de filosofia III*, em 1997, e reeditado em 2002. Nessa modificação, Lima Vaz apresenta o *ethos* universal como o centro da *crise da modernidade*, não como o *enigma da modernidade*.

Aqui situa-se, provavelmente, o âmago da crise que trabalha a primeira civilização que se pretende uma civilização mundial: uma civilização sem *ethos* e, assim, impotente para formular a Ética correspondente às suas práticas culturais e políticas [...][17].

Se não há *ethos*, não há ética. Dessa forma, não há como se falar em disposições normativas éticas, como o que foi pressuposto por Perine, baseando-se em Nietzsche. Torna-se impossível haver o *tu deves*, o *eu quero* e o *eu sou*, as fases do *niilismo* perfeito nietzschiano.

O último ponto divergente em relação à leitura de Perine encontra-se na estrutura textual assumida para ratificar sua análise acerca do *enigma da modernidade*. Perine[18] se utiliza de um fragmento do texto *Ética e comunidade* – que se reproduz a título de esclarecimento: "[...] o enigma de uma civilização tão prodigiosamente avançada na sua razão técnica e tão dramaticamente indigente na sua razão ética"[19]. Cumpre observar que, no referido artigo, Lima Vaz tratava da reestruturação de uma ética universal, estabelecendo que esse caminho direciona para a resolução do *enigma da modernidade*. Perine suprime parte da citação original – como é possível ver na página 61 –, induzindo a uma interpretação que diverge do pensamento vaziano. Assim, tem-se a citação completa:

> Princípio do reconhecimento e princípio de estruturação de uma comunidade ética universal: encontrar ou reencontrar esses princípios permanece como um desafio maior lançado à nossa civilização no limiar do terceiro milênio, pois neles parece residir *a solução do enigma* de uma civilização tão prodigiosamente avançada na sua razão técnica e tão dramaticamente indigente na sua razão ética[20].

---

[17] Ibid., 126.
[18] PERINE, M., Niilismo ético e filosofia, 61.
[19] VAZ, H. C. de L., Ética e comunidade, 11.
[20] Ibid.

O grifo apresentado na citação ressalta a importância de se complementar a citação utilizada por Perine, sob pena de comprometer a interpretação do pensamento vaziano. Em momento algum, na referida citação, Lima Vaz apresenta qual é o *enigma da modernidade*: ele apenas aponta uma possível solução para o problema da modernidade. A parte final da argumentação de Perine apoia-se em três fatores que levam ao *niilismo ético*, como o demonstrado. Esses aspectos serão revistos e reconsiderados adiante, unindo-se a outras reflexões sobre as propostas dos demais comentadores das obras de Lima Vaz.

Por sua vez, ao se tomar as considerações de Cláudia de Oliveira, parte-se do pressuposto fundamental: o *enigma da modernidade* é fruto da "primazia da razão científica", conforme mostrado anteriormente. Em verdade, a reflexão de Lima Vaz não coloca tal primazia como responsável pela eclosão do *enigma*, pois limitar o *enigma da modernidade* tão somente a essa consideração significa simplificar a complexidade da questão, além de relegar uma importância menor aos pontos centrais da *modernidade* e seus eventos. Ademais, Lima Vaz apresenta as causas da transformação da racionalidade como um evento dialético de continuidade e descontinuidade, marcado pela influência dos acontecimentos da Idade Média. O advento da razão moderna, a partir do ideário dialético, segue as *raízes da modernidade* em seus três traços fundamentais: a relação de *objetividade*; as relações *intersubjetivas*; e a relação de *transcendência*, campo da razão *científica*[21]. Dessa forma, não é possível afirmar que o *enigma da modernidade* se dê somente por conta da "primazia da razão científica". Além do mais, como ressalva Lima Vaz, há inúmeros problemas da Idade Média que chegam à *modernidade*:

> problemas sobre a natureza do conhecimento intelectual, sobre a relação entre fé e razão, sobre a razão e a liberdade, sobre o estatuto ontológico do ser humano e do cosmos, sobre o fundamento das normas e dos fins do agir moral, sobre a natureza da sociedade e do poder político, enfim sobre os problemas especificamente metafísicos ou teológicos, o ser e as noções transcendentais, o conhecimento de Deus e de seus atributos[22].

---

[21] VAZ, H. C. de L., *Escritos de filosofia VII. Raízes da modernidade*, 28.
[22] Ibid., 29.

A objetividade técnico-científica, como esclarecerá Cláudia de Oliveira, tem um impacto na construção da *crise da modernidade*, mas não pode ser definida como o ponto central do *enigma*, pois o próprio Lima Vaz apresenta o "[...] problema fundamental do projeto filosófico da modernidade pós-cartesiana: o problema da Razão e da Existência"[23]. Isso pelo fato de que "à razão que nasce com Descartes é lançado, pois, o desafio de pensar a *existência*"[24]. A primazia dessa razão se dá, dessa forma, na condição de explicação dessa existência humana, "[...] torna-se instrumento privilegiado da atividade *poiética* do sujeito, tanto na própria construção da *ciência* quanto na produção de *objetos*"[25].

A terceira interpretação do *enigma da modernidade* pertence a João Mac Dowell. Para ele, a proposta de um *enigma* está diretamente ligada à condição do *ethos* vaziano. A incapacidade de propor um *ethos* universal, que passa pela construção da ideia de liberdade, é o que, para Mac Dowell, caracteriza-se como o *enigma da modernidade*. Assumindo que, em Lima Vaz, o *ethos* nada mais é do que a construção de valores e normas dentro de uma determinada cultura, num contexto histórico específico, e que a cultura é a morada do homem que possibilita sua sobrevivência na Terra, o *enigma da modernidade* não pode ser definido como a impossibilidade do estabelecimento de um *ethos* universal[26], pois essa condição depende da *práxis* do humano no curso da história. A questão que se coloca como ponto central se volta, assim, para o humano e para o questionamento de sua existência. "É, portanto, no indivíduo típico da modernidade, enquanto indivíduo *histórico*, que se cruzam e se atam os fios que compõem a trama simbólica da modernidade"[27]. É exatamente nessa condição existencial que reside, em nosso entender, o *enigma da modernidade*, pois "o simples existir permanece um enigma para a razão moderna [...]"[28].

Encontrar um caminho ou uma resposta para se compreender o *enigma da modernidade* passa, necessariamente, pela análise das obras de Lima Vaz em suas constituições dialética e cronológica. É provável que os

---

23 Ibid., 98.
24 Ibid., 102.
25 Ibid.
26 VAZ, H. C. de L., *Escritos de filosofia III. Filosofia e cultura*, 126.
27 VAZ, H. C. de L., *Escritos de filosofia VII. Raízes da modernidade*, 28.
28 Ibid., 103.

comentadores citados não tenham considerado um desses aspectos em suas análises. Assim, o ponto de partida se dá no entendimento de que, para Lima Vaz, a construção da modernidade nada mais é do que um evento que obedece à dinâmica da história intelectual do Ocidente. Dividida em três acontecimentos – o nascimento da razão grega, a assimilação da filosofia antiga pela teologia e o advento da razão moderna – a história se perfaz de um movimento dialético de continuidade e descontinuidade, "[...] entre mito e razão, depois entre Filosofia antiga e Teologia cristã, finalmente entre teologia cristã e razão moderna"[29].

Lima Vaz continua seu itinerário apresentando as bases que constituem a modernidade apontando a centralidade da razão, em que se encontram os motivos da transformação social, partindo do momento em que a razão passa a regular o sistema simbólico da sociedade. Nessa reorganização, o primeiro impacto se dá na percepção e na consciência do tempo[30]: "Verifica-se aqui a emergência de um *presente* qualitativamente novo onde se exerce o *ato da razão*"[31]. É essa consciência do tempo a direta responsável pela releitura do presente, pela crítica do *passado* e pela predição do *futuro*. "Trata-se, pois, de uma consciência *modal*, envolvida na decifração do modo *presente* do tempo (*modus, modernum, modernitas*: o tempo, a qualidade, a essência)"[32].

O surgimento das ciências do tempo, como demonstrado, e o consequente domínio do tempo, abrirão margem para que se coloque o *presente* como tempo privilegiado. A tensão nascida entre a *regularidade* do tempo físico e *aceleração* do tempo histórico, que provocará o surgimento do *novo* no *presente*, acabará levando a uma ruptura, à "[...] perda do domínio do *presente* como instância crítica para a avaliação do tempo histórico"[33]. Aqui reside o *enigma da modernidade* de Lima Vaz: a perda da capacidade de interpretação do *presente* impede que se desenvolvam os demais processos de análise e compreensão do *ser* e do *sentido*. Entende-se, dessa forma, que há "[...] a incompreensão do *passado*, tido como peso inerte da tradição, e a

---

[29] Ibid., 11.
[30] Ibid., 12.
[31] Ibid., 13.
[32] Ibid.
[33] Ibid., 14.

recusa do *futuro*, rejeitado como indecifrável enigma"³⁴. O resultado que se encontra dessa condição é "[...] o abandonar-se niilisticamente ao infinito tédio do *presente*"³⁵, consequência da *crise da modernidade*.

Nas obras de Lima Vaz, é possível encontrar indicações diretas em relação ao que se define como *enigma da modernidade*. Num primeiro momento, ele o compreende como "[...] a impossibilidade, para a nossa civilização, de criar um *ethos* adequado ao seu projeto e às suas práticas de civilização universal"³⁶, ou, ainda, que esse mesmo *enigma* trata da "[...] impossibilidade de instaurar-se uma ética universal no momento em que se difundem e predominam práticas civilizatórias – ou tidas como tais – apresentadas como efetivamente universais"³⁷. Porém, o que Lima Vaz não percebe em suas considerações é que a possibilidade da criação de um *ethos* universal só se dará a partir da cultura e da consequente proposição de indagações e modificações desse *habitat* do humano, que se apresentam no desenvolvimento da história. Isso significa que haverá a necessidade da compreensão temporal – o que o humano moderno não sabe mais fazer –, partindo da análise crítica do tempo presente, para que se determine a relação de transcendência. Essa condição impossibilita, inclusive, o interrogar-se a si mesmo, entendido como fundamento da expressão cultural³⁸, ponto de partida do *ethos*. Em verdade, a incapacidade de interpretação do tempo *presente* provoca a anulação do *ethos* e a impossibilidade do ser de encontrar sua morada. Pois é no tempo, como demarca Lima Vaz, que "[...] acontece o Saber absoluto como compreensão rememorativa (*Erinnerung*) da história da consciência (da história ideal expressa em *momentos* dialéticos e das suas *figuras* na sucessão do tempo)³⁹. O *enigma* é, em verdade, um paradoxo humano: viver no presente e negar a existência subjetiva. Aqui nasce a *crise da modernidade*.

---

34 Ibid.
35 Ibid.
36 VAZ, H. C. de L., *Escritos de filosofia III. Filosofia e cultura*, 141.
37 Ibid., 142.
38 VAZ, H. C. de L., *Antropologia filosófica I*, 13-14.
39 VAZ, H. C. de L., *Escritos de filosofia III. Filosofia e cultura*, 285.

CAPÍTULO 6

A crise da modernidade

Compreendendo o modo como Lima Vaz apresenta a modernidade, a crise[1] da qual fala não é propriamente sobre o *tempo* moderno em si, trata-se antes da disposição do surgimento de novas ideias e proposições que se apresentam como referenciais para a definição e a explicação do *ser* e do *sentido*, de sua *existência* a partir da capacidade de indagar-se e, nessa indagação, analisar os efeitos do *tempo presente*. Assumindo que uma das consequências dessa mesma modernidade seja a objetificação do humano, em que o desejo em *ter* supera o *ser*, ou onde o *ser* acaba sendo definido pelo *ter*, invertendo a relação do conhecimento, a modernidade se esforça em apresentar inúmeras propostas para esse humano, o que leva à promoção de crises, direcionando a condição humana para o nada, para o *niilismo*.

[...] a *modernidade* significa a reestruturação *modal* na representação do tempo, em que este passa a ser representado como uma sucessão de *modos* ou de atualidades, constituindo segmentos temporais privilegiados pela forma de Razão que neles se exerce[2].

---

[1] Antes de apresentar o que Lima Vaz propriamente compreende e define como crise da modernidade, convém deixar claro que ele não era contrário a essa mesma modernidade. Há, em seus escritos, o devido reconhecimento da importância da razão moderna para o avanço da ciência, bem como das contribuições que ela trouxe para a vida humana. De Lima Vaz, Cf. *Escritos de filosofia III. Filosofia e cultura* e *Escritos de filosofia VII. Raízes da modernidade*.
[2] VAZ, H. C. de L., *Escritos de filosofia III. Filosofia e cultura*, 229.

É propriamente no tempo histórico que a modernidade se constrói, partindo da proposição de uma nova forma da razão, que contrapõe as definições anteriores. É a partir dessa Razão imanente que se dará a organização do sistema simbólico moderno. Essa nova relação do homem com o tempo inaugurará uma nova dinâmica na captação e interpretação desse mesmo tempo, tendo como efeito direto de sua mudança estrutural o desenvolvimento do "[...] ciclo de uma nova modernidade que irá reivindicar explicitamente, em cada uma das suas fases, essa propriedade eminentemente *axiológica* do *ser moderno*"[3]. Dessa forma, tanto a filosofia quanto as ciências modernas

> [...] caracterizam-se pelo abandono da concepção antiga do tempo *cosmológico* recorrente e eterno, "imagem móvel da eternidade imóvel". Ela foi substituída por duas novas representações do tempo: o tempo *físico* dos fenômenos, introduzido como variável das equações do movimento e relativo aos procedimentos de medida do observador, e o tempo *histórico* dos eventos humanos[4].

A relação da filosofia com o tempo, surgida na modernidade e especialmente demarcada pelo pensamento de Descartes, trará uma nova proposta de interpretação dessa mesma modernidade. Nela, encontra-se a disposição fundamental que "[...] tem como princípio a imanentização no próprio sujeito do fundamento que confere ao ato de filosofar seu privilégio no tempo"[5]. Se no passado o tempo religioso, marcado por uma leitura cristã, apresentava-se como original e único caminho, no qual o evento crístico da Encarnação e Ressurreição figurava como o meio pelo qual se alcançava o *sentido* e o *ser* – *essência* –, agora se apresenta o "[...] 'Eu penso' (*cogito*) como princípio do discurso filosófico [que] avoca pra si o privilégio de um *começo* absoluto ou da suprassunção do tempo – anulação do tempo pelo conceito, diz Hegel – no *agora* privilegiado do saber filosófico"[6]. A definição do *cogito* cartesiano como meio para a explicação do existir do humano promove, assim, a passagem da primazia da *essência* para a primazia da *existência*.

---

3 Ibid., 236.
4 Ibid., 263.
5 Ibid., 237.
6 Ibid.

O surgimento da Razão cartesiana provocará transformações no contexto social, mas, consequentemente, é no humano que se apresentarão os maiores desafios. Essa razão possibilita, agora, a submissão do *destino* do humano às ações e intenções subjetivas, agindo na natureza, dominando-a e transformando-a. Essa nova condição em que o humano se encontra trará um questionamento que se coloca como um ponto nevrálgico da própria modernidade: "[...] que forma de inteligibilidade se deve pressupor ou pré-compreender no *existir* como tal, no simples ato de ser?"[7]. A resposta encontrada pela modernidade é o desenvolvimento de uma Razão *científica* e de uso *operacional*, que tem sua eficácia regida pela produção de *objetos*. Dessa forma,

[...] a razão científico-operacional é uma razão intrinsecamente ligada ao agir e ao fazer humanos. Ela observa, estabelece normas, formula hipóteses, enuncia teorias, verifica leis, propõe modelos, simula situações, mede e calcula, rege a produção de objetos[8].

Essa dialética do produzir-usar, como aponta Lima Vaz[9] – e ratifica Cláudia de Oliveira[10] – não modifica somente a realidade do agir-fazer do humano: ela lança suas considerações sobre a *existência* do humano, pressupondo "[...] o *estar-no-mundo* do sujeito racional, o seu simples *existir* enquanto dado a si mesmo, em meio às coisas que igualmente lhe são *dadas*"[11]. Essa situação na qual se encontra o humano moderno, que Lima Vaz denomina *situação ôntico-primária*[12], não consegue ser resolvida, sequer explicada, pela razão científico-operacional. Assim, permanece o problema da inteligibilidade do *esse*, derivado das crises do século XIII, oriundas da antiguidade grega, como um dos principais entraves da Razão moderna. Entretanto, cabe ressaltar que a "[...] *existência*, no seu simples ato de *existir*, é irredutível aos procedimentos operacionais da razão"[13], pois essa mesma razão pode "[...] representar, explicar transformar, modificar, organizar,

---

7 VAZ, H. C. de L., *Escritos de filosofia VII. Raízes da modernidade*, 98.
8 Ibid., 101.
9 VAZ, H. C. de L., *Escritos de filosofia III. Filosofia e cultura*, 117.
10 OLIVEIRA, C. M. R., *Metafísica e ética*, 62.
11 VAZ, H. C. de L., *Escritos de filosofia VII. Raízes da modernidade*, 101.
12 Ibid., 102.
13 Ibid.

projetar. Mas não pode criar"¹⁴. Essa impossibilidade de que a razão moderna explique a condição existencial do humano provocará, de maneira direta, irracionalismos que se verificarão nas "[...] crenças, na Filosofia, nas ideologias, na Política, nas condutas, que nenhuma estratégia teórica ou prática consegue controlar"¹⁵.

O descontrole racional promovido pela razão científica ocasionará três situações complexas, que vão de encontro com a possibilidade da explicação do *ser* e do *sentido*. A primeira será a modificação do lugar do homem no mundo, deixando de *ser* para assumir o papel de *sujeito*, e então ocupar o centro do universo inteligível, ato que Lima Vaz chamará de *descentração*¹⁶. O efeito direto da *descentração* será a modificação profunda nos referenciais axiológicos, ocasionando a transformação do universo simbólico da modernidade.

A segunda situação reside no problema do *fundamento* do ato de filosofar. Pelo efeito da *descentração*, o *ato de filosofar* se desloca do *transcendente* para "[...] residir no próprio *sujeito* do ato de filosofar, em cuja imanência se dará a suprassunção do tempo empírico na *atualidade* de um saber que, finalmente, irá proclamar-se *absoluto*". Tal modificação impactará diretamente na relação de transcendência, pois não haverá, a partir de agora, a dimensão metafísica como aquela que era a responsável por tratar das "coisas humanas", modificando a cultura. A filosofia, com seu exercício de colocar em questão e dar razão, apresentada como *Metafísica da cultura* e que propõe a criação de um modelo ideal para a sobrevida do humano, acaba lançada por consequência num "programa de mundanização", como anteriormente apontado. O pano de fundo dessa questão que envolve a filosofia é, porém, a cultura em sua significação, que, no entanto, se converte em referência para a dimensão econômica, social, política e ética. A impossibilidade de encontrar respostas para o problema da cultura, provocada pelos efeitos da razão moderna, lança ao humano o seu maior desafio: "[...] a antiga interrogação sobre os fins da

---

14 Ibid., 103.
15 Ibid.
16 A *descentração* pode ser definida como a inversão da *centração tópica* que determinava a ligação do homem à terra, o que promovia a *descentração* metafísica que o levava ao encontro do Absoluto transcendente. Sobre essa questão, cf. VAZ, H. C. de L., *Escritos de filosofia III. Filosofia e cultura*, 258.

cultura"[17] – na qual reside a terceira situação. E isso se deve, principalmente, pelo fato de que ela

> [...] apresenta-se estruturalmente constituída de duas faces: a face *objetiva*, enquanto ela é *pragma* ou obra do homem, e a face *subjetiva* enquanto é *práxis* ou ação humana. Na face *subjetiva*, a cultura é essencialmente *axiogênica*, ou geratriz de valor como qualidade inerente à ação humana; na sua face *objetiva* ela é essencialmente *axiológica*, pois a obra humana é sempre portadora e significativa de algum valor. Vale dizer, em outras palavras, que a cultura é coextensiva ao *ethos*: ao produzir o mundo da cultura como mundo propriamente humano onde se exerce a sua prática e onde se situam as suas obras [...][18].

A partir do momento em que a cultura se converte em *ethos*, ela se torna a morada que promove a significação e apresenta os valores necessários para o entendimento do real. Assim, será o *ethos* o direto responsável pela sobrevivência humana, pelo qual se dará a compreensão do mundo e de si mesmo, apontando as possíveis direções do dever-ser no contexto histórico[19]. Isso significa assumir que "toda cultura, pois, na sua dimensão simbólica, é essencialmente *ética* e é no seu *ethos* que ela situa o ponto de convergência de todas as suas manifestações [...]"[20]. É nessa relação estabelecida entre a história e cultura e a cultura e o *ethos* que se alcança o cerne da crise da modernidade: "[...] uma civilização sem *ethos* e, assim, impotente para formular a ética correspondente às suas práticas culturais, políticas e aos fins universais por ela proclamados"[21]. O abandono da cultura, bem como a impossibilidade da criação de um *ethos* universal, leva à negação do *ser* – "[...] a perda do humano no agir e na obra do homem"[22] –, condições que Lima Vaz denominará *niilismo*[23] em duas acepções: *niilismo metafísico* e *niilismo ético*.

---

17 VAZ, H. C. de L., *Escritos de filosofia III. Filosofia e cultura*, 112.
18 Ibid., 127.
19 Ibid., 14.
20 Ibid., 127.
21 Ibid., 126.
22 Ibid., 96.
23 Ibid., 15.

6.1. Niilismo metafísico

Reconhecendo o avanço promovido no campo técnico-científico, isto é, dos objetos, Lima Vaz admite que a razão moderna avançou de fato, mas apesar de ter produzido inúmeros objetos que expandiram a vida e ampliaram o domínio da natureza, essa razão não consegue determinar seus traços *axiológicos* e, portanto, o impacto direto desse evento se dá na habilidade e na possibilidade de explicação da existência humana. O humano, por isso mesmo, não consegue pensar seu existir em meio ao contexto de produções objetivas. O que se tem, em verdade, é a "[...] racionalização de todas as manifestações da vida humana e de todos os fenômenos do universo"[24], que leva ao *niilismo* metafísico.

A alteração nas relações do humano com os objetos do mundo – o que Lima Vaz denominou *categoria de objetividade*[25] – arrastou as formas de conhecimento e de produção para os modelos *operativos, teóricos* e *técnicos*, dando margem para o desenvolvimento de *objetos* destinados, pura e simplesmente a atender às novas necessidades vulgares que passam a dar *sentido* à vida. Convém observar que a possibilidade do encontro com o *ser* tem início na *objetividade* mundana – na qual também se concretiza a *finitude* do humano – e se apresenta na limitação espaçotemporal, o fundamento da dimensão *ontológica*, que caracteriza esse humano como "[...] *ser* entre *seres*"[26]. Portanto, "uma transformação profunda da *objetividade* mundana traz consigo uma mutação não menos profunda do estatuto *natural* ou *ôntico* do nosso ser-no-mundo e, portanto, da sua inteligibilidade *ontológica*"[27]. Essa proposição levanta o questionamento acerca da busca pelo *sentido* da existência humana, que pode ser respondida a partir de uma interpretação de Cláudia de Oliveira, a saber:

> Para Lima Vaz, pensar a situação *ôntico-primária* do ser humano, ou seja, pensá-lo como ser *situado*, como *ser-aí*, supõe necessariamente a afirmação do *Esse* absoluto transcendente como condição de inteligibilidade do *esse*. A racionalidade moderna, ao fundamentar as noções tradicionalmente ditas transcendentais

---
[24] VAZ, H. C. de L., *Escritos de filosofia VII. Raízes da modernidade*, 103.
[25] Ibid., 253.
[26] Ibid.
[27] Ibid., 254.

no sujeito *transcendental* e recusar qualquer referência ao transcendente, acabou por conduzir em última instância à primazia da razão operacional e, em consequência, retirou do *esse* a inteligibilidade frontal[28].

Isso significa admitir, portanto, que "[...] a pressuposição da imanência absoluta da razão finita deve conviver com o sem-razão do simples *existir*"[29] – a condição que aprofunda a presença do *niilismo* no contexto moderno. Assim, "o exílio da metafísica para fora dos domínios do conhecimento reconhecido como legítimo e sensato foi decretado ao ser estabelecida a soberania do *sujeito* sobre todas as províncias do saber [...]"[30]. O "[...] *niilismo* metafísico não é um destino inscrito na nossa tradição de pensamento, mas a recusa do princípio e fundamento transcendente da razão humana [...]"[31]. Portanto, o erigir de uma razão meramente matemático-experimental exclui de suas bases as realidades transcendentes, que fazem com que a metafísica, exilada do domínio da razão, emigre para "o mundo do mito"[32]. O impacto desse exílio poderá ser assistido nos excessos da civilização ocidental, marcada pela busca incessante do prazer e da satisfação das vontades subjetivas, o que dá margem para o surgimento de uma espécie de ética da subjetividade que anula a possibilidade de existência do juízo de valor e funda um *niilismo* ético.

6.2. *Niilismo* ético

O surgimento de um *niilismo* ético na civilização moderna é uma consequência do *niilismo* metafísico. Entretanto, para que sua razão se evidencie dentro do pensamento de Lima Vaz é necessário compor uma reflexão preliminar acerca do *ethos*, estabelecer as "preliminares semânticas" de sua formação. Isso se dá pelo fato de que só é possível falar de ética a partir da definição e da ação do *ethos*. Cabe ressaltar que aqui não é nossa intenção expor a ética de Lima Vaz. Primeiro, pelo fato de que a ética requer um

---

28 OLIVEIRA, C. M. R., *Metafísica e ética*, 51.
29 VAZ, H. C. de L., *Escritos de filosofia VII. Raízes da modernidade*, 103.
30 VAZ, H. C. de L., *Escritos de filosofia III. Filosofia e cultura*, 183-184.
31 PERINE, M., Niilismo ético e filosofia, 68.
32 Ibid.

estudo independente, não podendo ser limitada às análises acerca da *modernidade*, ponto de partida para o desenvolvimento de uma *Bioética Dialógica*. Segundo, porque não há a possibilidade de se tratar da ética vaziana sem o referencial antropológico, análise que requer uma terceira abordagem científica. E, terceiro, porque tanto a proposição ética quanto a proposição antropológica, são, para Lima Vaz, caminhos, *méthodos* específicos para a compreensão do humano e suas ações diante da *crise da modernidade* e seus pressupostos epistemológico-conceituais. A *Bioética Dialógica*, em suma, apresenta-se como uma terceira proposição do pensamento vaziano – cumprindo sua raiz dialética –, que não deriva da ética e da antropologia, apesar de possuírem fundamentos em comum.

O ponto de partida para a compreensão do *ethos* está relacionado à própria proposição da *physis*. Admitidas como formas primeiras de manifestação do ser, o *ethos* se apresenta como a "[...] transcrição da *physis* na peculiaridade da *práxis* ou da ação humana e das estruturas histórico-sociais que dela resultam"[33]. É o *ethos* que responde pela razão da *physis*, ao mesmo tempo em que rompe com sua eternidade presente na *physis*. O movimento de superação de um pelo outro evoca, de certa forma, a necessidade de uma constância do hábito, denominada *hexis*[34]. A condição de uma *práxis* movida pelo *lógos*, fundada no conjunto *ethos-hexis*, modificando a dependência direta da *physis*, justificam o apogeu de uma "ciência do *ethos*"[35].

Lima Vaz defende essa ideia partindo de uma criteriosa análise etimológica[36] em que o termo *ethos* tem origem em dois vocábulos gregos distintos: *ethos* (ἦθος – com *eta* inicial) e *ethos* (ἔθος – com *epsilon* inicial). O primeiro é definido como "[...] a morada do homem (e do animal em geral)"[37]. O significado apresentado pelo termo exprime a ideia de lugar onde se habita, abrigo do qual se faz uso como morada. Nessa acepção o entendimento é do *ethos* como costume, vida, ação: é "[...] a partir do *ethos*, [que] o espaço do mundo torna-se habitável para o homem"[38]. Aqui se rompe a semelhança do humano aos demais animais, uma vez que a *physis* não é mais dada ao

---

33 VAZ, H. C. de L., *Escritos de filosofia II. Ética e cultura*, 11.
34 Ibid., 15.
35 Ibid.
36 Ibid., 12.
37 Ibid.
38 Ibid., 13.

humano, mas, sim, dominada por ele e substituída pelo espaço do *ethos* (costumes, normas, valores, ações)³⁹. Espaço esse que, como construído a partir do binômio tempo-história, e por influenciado, nunca estará pronto ou definido: é permanentemente aberto, está em construção. É nesse espaço que o "[...] *lógos* torna-se compreensão e expressão do ser do homem como exigência radical do dever-ser, ou do bem"⁴⁰. É o saber racional, *lógos*, do *ethos* que se dirige ao surgimento da ética.

A segunda forma, em que *ethos* é escrito com *épsilon*, apresenta um significado que deriva da ideia de repetição dos mesmos hábitos, livre da condição dos desejos (*órexis*). A constância do *ethos* demonstra o vínculo existente com os costumes, que se articula diretamente com o *ethos* caráter, dando margem para o desenvolvimento do *ethos* hábito. Entretanto, para Lima Vaz, se esse mesmo *ethos* (com *épsilon*) designa o processo de formação do hábito, ou de sua apreensão, ele virá acompanhado do termo *hexis*, que "[...] significa o hábito como possessão estável, como princípio próximo de uma ação posta sob o senhorio do agente e que exprime a sua *autarkeia*"⁴¹. É esse *ethos* que se firma como o lugar privilegiado para a consecução da *práxis*⁴². Em síntese, o que se tem é a formação do

> [...] costume (*ethos*), ação (*práxis*), hábito (*ethos-hexis*), na medida em que o costume é a fonte das ações tidas como éticas e a repetição dessas ações acaba por plasmar os hábitos. A *práxis*, por sua vez, é mediadora entre os momentos constitutivos do *ethos* como costume e hábito, num ir e vir que se descreve exatamente como círculo dialético: a universalidade abstrata do *ethos* como costume inscreve-se na particularidade da *práxis* como vontade subjetiva, e é universalidade concreta ou singularidade do sujeito ético no *ethos* hábito ou virtude. A ação ética procede do *ethos* como seu princípio objetivo e a ele retorna como a seu fim realizado na forma do existir virtuoso⁴³.

---

39 Ibid.
40 Ibid.
41 Ibid., 14.
42 Ibid.
43 Ibid., 15.

Faz-se necessário considerar, entretanto, que a proposição de um *ethos* só é possível graças ao desenvolvimento cultural de uma determinada sociedade, cuja *tradição* é diretamente responsável pela construção de padrões de ação, que, especialmente no Ocidente, dividirá espaço com o *lógos*. Dessa oscilação entre *tradição* e *lógos* surgirão as crises e as principais transformações na ética. Lima Vaz considera, assim como Antígona, que essa *tradição ética* não pode advir de um modelo predeterminado por uma referência humana: ela só é possível a partir de uma fonte divina. Essa necessidade *instituída*, que difere da necessidade *dada*, fundada na *tradição*, possibilita e garante a dimensão histórica fundamental ao *ethos*, fruto direto da cultura[44].

A dependência dessa dialética entre o *ethos*, a *práxis* e o *ethos-hexis* para o surgimento da ética, ou da *práxis* ética, impossibilita que se estabeleça a ideia de um *ethos* individual, o que obriga o desenvolvimento de uma ética a partir da intersubjetividade, da objetividade e da transcendência, parâmetros da formação antropológica de Lima Vaz. A mera disposição de uma razão científica, que ignora o princípio metafísico como parâmetro de sua ação, admitindo o humano como fonte de autotranscendência, aliada à incompreensão do tempo histórico pela perda do controle do *presente*, levará à inexistência do *lógos* e, como consequência, à negação da *tradição ética*. Há, aqui, uma

> [...] violação de uma lei fundamental do processo de criação cultural e que está na origem do fenômeno histórico do *ethos*, a saber, a lei que prescreve ao ser humano criador de seu *mundo*, que é o mundo da *cultura*, a necessidade de uma ordenação *normativa* de sua atividade criadora em termos de *bens* e *fins* que atendam ao imperativo ontologicamente primeiro de sua autorrealização[45].

A perda da capacidade de compreensão do tempo *presente*, marcada pela instrumentalização da razão, abandonando a dimensão metafísica, atinge a própria condição existencial humana. Uma vez que a superação da natureza pela cultura, ou da *physis* pelo *ethos*, só foi possível graças à

---
44 Ibid.
45 VAZ, H. C. de L., *Escritos de filosofia IV. Introdução à ética filosófica 1*, São Paulo, Loyola, ⁶2012c, 8.

transgressão do tempo *quantitativo* para a dialética do tempo *histórico*, sua temporalidade, a transformação do *tempo* na modernidade, sua modalização e consequente recusa do tempo *histórico*, para a readmissão do tempo *quantitativo*, além de impossibilitar a prática ética – pois nega a *tradição* –, lança o humano de volta à *physis*. Inexistindo o *ethos* como referência fundante do *ethos-hexis*, a *práxis* perde seus referenciais, sendo orientada não pelo finalismo do *lógos*, mas pelas necessidades meramente *utilitaristas*, marcadas pelo *relativismo* dos valores e por um *hedonismo* sem limites. De maneira direta, essa alteração na realidade tempo-histórico-social-ética fará com que o humano acabe por perder sua liberdade e, consequentemente, sua identidade, levando ao *niilismo* ético, que "não é senão fruto dessa negação voluntária e deliberada do mais universal dos valores humanos: a razão"[46].

O *niilismo* ético que se apresenta na sociedade contemporânea não se caracteriza pela inexistência de padrões éticos, mas, sim, pelas interpretações específicas de cada situação. O que se verá é a proposição de inúmeras "éticas" em todas as instâncias da vida humana. Esse eclodir ético, que em verdade acaba assumindo o papel de um *ethos* que quer se converter no *ethos-hexis*, apresenta-se como uma resposta às inúmeras crises e aos inúmeros conflitos existentes em sociedade. Entretanto, como assevera Lima Vaz, "nenhuma grande mensagem espiritual parece capaz de acolher e ordenar o fluxo precipitado e prodigiosamente complexo da nossa história presente"[47]. De maneira que

> Nosso século termina, pois, fazendo a experiência – uma experiência *crítica* no sentido literal do termo – de que nem a *práxis* produtora ou econômica nem a *práxis* histórica ou política, nem o retorno à Natureza nem, evidentemente, a anomia generalizada, apresentam-se como aptas para resolver o problema dos *fins* da cultura[48].

O *niilismo* provocado pela desconstrução da metafísica tem suas bases fundadas na rejeição à filosofia como caminho para a razão. A adoção de uma razão meramente científica, prática, portanto, coloca o humano no

---

[46] PERINE, M., Niilismo ético e filosofia, 68.
[47] VAZ, H. C. de L., *Escritos de filosofia III. Filosofia e cultura*, 117.
[48] Ibid.

difícil processo de compreender o tempo presente pelo método científico, impedindo a existência do absoluto como parâmetro de ação. O conhecimento acaba reduzido à interpretação científica, minimizando o seu potencial racional, mas potencializando a sua prática. A *práxis*, dessa forma, acaba sendo insuficiente para responder aos desafios da modernidade. O caminho para a transformação da realidade humana no século XXI, portanto, supõe reconsiderar em todas as instâncias da vida a questão da *transcendência* a partir de um *transcendente*[49].

6.3. Entre a transcendência e o transcendente

A análise acerca da *transcendência* requer, primeiro, que se pontue o significado, ou o sentido, adotado por Lima Vaz. A raiz da palavra advém do termo latino *transcendere*, adotado, por parte da filosofia pós-Kant, como o léxico em torno do termo *transcendental*. Essa leitura propõe a existência de duas metáforas: uma especial e outra dinâmica. No primeiro caso, designa "[...] transgressão dos limites de determinado espaço *intencional*"[50], como, por exemplo, na significação dos atributos do *ser*, que são *transcendentais*. O segundo caso, por sua vez, "[...] exprime o *movimento* intencional ou lógico que leva justamente o pensamento para *além* (*trans*) das fronteiras dentro das quais habitualmente se move"[51]. É possível ainda apresentar, dentro da metáfora dinâmica, a noção de *para o alto* (*ascendere*), que abarca os pontos mais delicados e contraditórios da noção de *transcendência*[52].

A noção de *transcendência* adotada por Lima Vaz tem uma base antropológica bem definida – brevemente demonstrada no tópico anterior – que deve ser interpretada como *relação de transcendência*. Tal condição se apresenta como uma das três dimensões da estrutura relacional do humano: "[...] a relação de *objetividade*, a relação de *intersubjetividade*, e a relação de *transcendência*. A primeira refere o ser humano ao *mundo*, a segunda o refere ao *outro*"[53], já a relação de *transcendência* revela-se com o viés do excesso *ontológico*, "do sujeito enquanto se autoafirma como *ser*", pelo qual o

---
49 Ibid.
50 Ibid.,194.
51 Ibid.
52 Ibid.
53 Ibid., 195.

humano acaba se sobrepondo ao mundo e à história, indo além do ser-no-mundo e do ser-com-o-outro[54]. Dessa forma,

> [...] podemos pensar a relação de *transcendência* como superação ou suprassunção (*Aufhebung*) dialética da oposição entre *exterioridade* e *interioridade*, que, devidamente purificada da sua origem metafórica especial, constitui sem dúvida, pelo menos desde o *gnothi seauton* socrático, um dos *tópoi* clássicos da investigação filosófica sobre o homem no Ocidente[55].

Partindo do pressuposto *formal*, a oposição entre *interioridade* e *exterioridade* apresenta a distinção entre o sujeito finito e a realidade objetiva. O conteúdo *real*, oriundo dessa mesma oposição, volta-se para a evidenciação da *alteridade* do mundo em relação à *objetividade*, ao mesmo tempo em que apresenta a *alteridade* plural dos sujeitos a partir da *intersubjetividade*, numa dinâmica própria do ser-com-o-outro[56]. Entretanto, a possibilidade dessa relação entre o eu e o outro – campo no qual se constrói a ideia de *intersubjetividade* – acaba sendo limitada pela presença das coisas, corpo de signos que determinam a comunicação nesse mesmo espaço social. Dessa forma, todo o campo das relações e do necessário reconhecimento do outro dependem do modo como o *eu* se dirige, ou se apresenta, ao *outro*, e o *outro*, ao *eu*. É nesse contexto da presença dos signos, cujo corpo se apresenta a partir de sons, gestos, escrita, ou silêncio, que se edificará uma relação a partir do que está manifesto e oculto[57].

A relação de oposição entre *interioridade* e *exterioridade* presente nos campos da natureza e da história, para Lima Vaz, apresenta-se como meio filosófico fundante para o surgimento da relação de *transcendência*. Dessa forma, é possível definir, de maneira paradigmática, "[...] o princípio dialético fundamental da *identidade na diferença*: o *transcendente* está *além* (dialeticamente, não espacialmente!) do nosso espírito finito"[58]. Assim, a relação de *transcendência*, pressuposta a partir do excesso *ontológico* da afirmação primordial *eu sou*, coloca-se como a suprassunção da dialética entre

---
54 VAZ, H. C. de L., *Escritos de filosofia III. Filosofia e cultura*, 195.
55 Ibid.
56 Ibid., 196.
57 Ibid.
58 Ibid., 197.

exterioridade e *interioridade*, na qual se encontra a universalidade do Ser, como situação no mundo e na história; uma relação do *sujeito* com o *ser*. Essa condição obriga necessariamente a necessária presença da figura do absoluto, que reivindica o predicado da *transcendência*, pois "[...] só ao Absoluto cabe verificar em todo o seu rigor a dialética da *identidade na diferença* na qual é suprassumida a oposição entre *exterioridade* e *interioridade*"[59]. A construção de modelos de pseudoabsolutos, como aponta Lima Vaz, especialmente os verificados no século XX (*classe, raça, Estado, libido*), só demarcam a real necessidade de se repensar o problema do absoluto no contexto existencial. Isso significa, em suma, "[...] pensá-lo na amplitude *transcendental* do seu conceito, seja como Absoluto *formal* (o *Ser*, a *Verdade*, o *Bem*...) seja como Absoluto *existencial*, *Deus*"[60].

Lima Vaz ainda chama a atenção para um paradoxo final em relação à ideia do absoluto. A relação de *transcendência* não é, evidentemente, uma relação de reciprocidade. Isso significa assumir que a face *objetiva* da relação de *transcendência* se baseia nessa condição. Assim, não há reciprocidade no que diz respeito à relação do humano com o mundo. A inércia silenciosa das coisas – objetos de relação desse mesmo humano – permanece como resposta às investidas humanas. Isso se deve, ressalta Lima Vaz, à "[...] deficiência ontológica do objeto (o mesmo mundo) em face da superabundância ontológica do sujeito"[61]. A relação de não reciprocidade do absoluto se deve à sua mesma *transcendência*, dada sua riqueza ontológica. Esse abandono *formal* e *existencial* do Absoluto na modernidade acaba, dessa forma, dando margem para o surgimento de possibilidades, regras e comportamentos pseudoabsolutos que acabam por levar o humano ao *niilismo* e ao vazio existencial. É uma crise sem precedentes do *Ser* e do *Sentido*. O resgate dessa relação com o absoluto, seja *formal* ou *existencial*, pelo caminho da *metafísica*, recolocando a questão do *Ser* e do *Sentido*, serão os movimentos necessários para o século XXI, cujo aspecto será o motivador das obras de Lima Vaz e, como consequência, um dos pontos de sustentação de uma *Bioética Dialógica*.

---

[59] Ibid., 198.
[60] Ibid.
[61] Ibid., 199.

6.4. Memória do ser e o futuro da metafísica

Pensar o ser humano em sua completude supõe considerar os dois campos de onde derivam toda a sua possibilidade constitutiva e relacional: a *natureza* e a *cultura*. Ambas têm sido, ao longo dos séculos, profundamente investigadas pelos cientistas e filósofos, com o intuito de explicar, ou esclarecer, o humano do tempo presente, bem como suas transformações nos campos social, político, ético e religioso. A rápida transformação da história, dos diversos pontos e campos influentes e influenciados pelo humano – como a tecnologia, a moda, o comércio e, principalmente, as comunicações – provocam sérias lacunas e rupturas no contexto contemporâneo, o que, em tese, dificulta o estudo das duas dimensões anteriormente citadas. Entretanto, no campo da história, apesar das grandes revoluções, não preexiste o receio do enfrentamento das mutações, como atesta Lima Vaz: "o solo da história, salvo inesperadas catástrofes, parece definitivamente estabilizado e firmado para suportar o fluxo enorme e contínuo da produção simbólica e material"[62]. Na própria filosofia, continua Lima Vaz, "não há que esperar novas revoluções análogas às revoluções cartesiana e kantiana [...]"[63]. Isso não significa afirmar que não haverá dificuldades, ou mesmo crises, nas tratativas e tentativas de explicação e estudo do humano e sua existência.

As inúmeras mudanças apresentadas no campo da *natureza* e da *cultura* a partir da tecnociência têm provocado uma espécie de ruptura entre as duas grandes áreas do entendimento do humano, nas quais se verifica uma sobreposição da cultura às questões naturais. Essa condição demarca, como assenta Lima Vaz, o fim da modernidade: a "[...] passagem da modernidade como *programa* de civilização para a modernidade como *forma* definitiva de uma nova civilização"[64], que lança seus braços em todos os campos da vida humana. Todo esse movimento faz com que as indagações primeiras da Filosofia se apresentem como um processo de rememoração. Permanece, assim, "[...] a interrogação em torno das regiões mais profundas do nosso ser, onde as limitações epistemológicas e metodológicas das ciências humanas as impedem de chegar"[65]. Essas regiões continuam a apresentar um

---
62 VAZ, H. C. de L., *Escritos de filosofia VII. Raízes da modernidade*, 251.
63 Ibid.
64 Ibid., 255.
65 Ibid.

caminho que só consegue ser trilhado pela metafísica, solução ao *ser* e ao *sentido* do existir.

A proposta de uma modernidade – movida pela prática técnico-científica – limita a capacidade de investigação e, como consequência, a possibilidade de obtenção de respostas às questões fundamentais. Limitada pelo seu próprio funcionamento – regras metodológicas ou método científico – a razão moderna não consegue transpor o campo da *physis*, para alcançar o domínio da essência do humano, da metafísica. O que se percebe, dessa forma, é que as questões de ordem metafísica permanecem no ideário contemporâneo, figurando entre "[...] os traços visíveis do horizonte filosófico do século XXI"[66]. A tentativa da ciência em responder aos questionamentos metafísicos, utilizando-se dos métodos científicos, leva ao surgimento do *niilismo*, que, por sua vez, leva a humanidade ao encontro do vazio existencial, numa crise de sentido, por conta da impossibilidade de determinar parâmetros axiológicos. Na linguagem heideggeriana, adaptada a Lima Vaz, essa prática se caracteriza pelo *esquecimento do Ser*. Trata-se da condição de substituição dos *seres* pelos *objetos* criados pela cultura técnico-científica.

A fascinação pelo *objeto técnico* na sua essencial referência *antropocêntrica*, seja teórica (ciência), seja operacional (técnica), é o fator verdadeiro e mais eficaz do *esquecimento* do Ser e do descrédito da metafísica, bem como das consequências *niilistas* que daí seguem[67].

A proposta da *metafísica* reside, dessa forma, na capacidade de *rememoração* do *ser* para além da categoria do *sensível*, adotando como fundamento o *inteligível*; pois é "[...] na natureza do ser que *é* verdadeiramente (*ontôs ón*)"[68]. A impossibilidade da presença da *memória* do *ser* que *é*, sem a orientação fundamental da *transcendência* para com o absoluto, abre espaço para a dominação do saber operacional, para a manipulação da realidade por meio da técnica, pautadas nos fins de *utilidade* e de *satisfação* pessoal e subjetiva das necessidades. Assim, o que resta como modelo para a civilização do século XXI é a condição permanente da dimensão científico-tecnológica,

---

66 Ibid., 257.
67 Ibid., 282.
68 Ibid., 283.

na qual os problemas recorrentes estão ligados à condição *ética*[69]. Assumindo que a busca pelos aspectos mais profundos da ética só é possível graças à metafísica, fica evidente que "[...] o exercício da *memória* metafísica acompanhará a reflexão ética, essa impondo-se como tarefa principal da Filosofia que vier a ser praticada na civilização do século XXI"[70].

Se a cultura é o espaço no qual o humano se cria e recria por meio de um processo de questionamento filosófico, que visa o aprimoramento e a ordenação do caos – num movimento que parte, necessariamente, de uma análise histórica do presente, e nele exerce modificação –, a razão técnicocientífica adotada como modelo e caminho, além de impossibilitar a existência do humano, abre espaço para a superação da própria filosofia. É a exigência da cultura que evoca uma filosofia que seja capaz de explicar as relações de transcendência e, dessa forma, resolver as questões do *Ser* e do *Sentido*, que se tornam impossibilitadas pela limitação operacional da razão moderna. O problema maior da modernidade consiste, assim, numa perda completa do *Ser*, numa realidade marcada por inúmeros objetos e processos de objetificação, que transformam o sentido da existência.

É justamente aí que renasce a metafísica, ou que se resgata a *memória metafísica*: no *antimetafísico* da razão moderna, revelada pela perda da consciência do eu, no divórcio entre *natureza* e *cultura*, entre filosofia e tecnociência. É diante desse comportamento moderno, desse *niilismo* ético, na exigência de uma racionalidade prática, que o humano encontra a possibilidade de ser, numa condição de tomada de decisão autoconsciente, que abandona a imposição simplista, prático-moral, que evita a violência da subjetividade objetificada. É a proposição de um movimento que se concretiza na entrega ao outro, num reconhecimento das subjetividades na objetividade intersubjetiva. É somente na disposição da capacidade crítica, pela metafísica do *esse*, que se alcança a superação do *niilismo* e o resgate do *ser* e do *sentido*.

Se o modelo ontoteológico surgiu da rejeição da metafísica do *esse*, é nessa, segundo nos parece, que devem manifestar-se os indícios longínquos da instauração moderna da metafísica da subjetividade[71].

---

[69] Ibid.
[70] Ibid., 284.
[71] Ibid., 222.

Nessa condição de possível inexistência moderna e, ao mesmo tempo, abertura real à ressignificação do *ser* e do *sentido*, é que se insere a proposta do presente livro: uma *Bioética Dialógica*.

SEGUNDA PARTE

A *Bioética Dialógica*: o tempo no conceito

CAPÍTULO 7
Entre a dialética e a dialogia

Pensar a dialética no tempo presente requer um esforço teórico para livrá-la das concepções diversas que causam desentendimento e impactam a compreensão da bioética[1]. Contudo, é possível encontrar confusões conceituais que se misturam com a definição adotada após a razão moderna. A proposta assumida por Lima Vaz é a de uma rememoração da dialética platônica através de uma releitura de Tomás de Aquino – como que na proposta da *viragem* heideggeriana (*Die Kehre*) apresentada em sua *Carta sobre o Humanismo*[2] –, transformando-a em seu método de diálogo com o tempo presente. Como já apresentado anteriormente, a compreensão da dialética de Lima Vaz não tem ligação direta com a proposta moderna[3]. Se na modernidade o método está atrelado à ideia de um conjunto de regras que determinam a ação da razão científica, fica nítida a distinção, como se verá adiante, da definição original da Grécia antiga com a da modernidade analisada por Lima Vaz.

---

1 Desde as intuições iniciais de Potter, as tentativas de definir a bioética se tornaram um empreendimento arriscado, pois seu aparecimento recente, a sua localização intersticial mais ou menos acentuada e os desafios ideológicos que veicula conferem-lhe uma identidade instável e controversa.
2 HEIDEGGER, M., *Carta sobre o humanismo*, São Paulo, Centauro, ²2005.
3 A afirmação de não possuir ligação direta faz menção ao fato de que Lima Vaz não se utiliza da definição de método da modernidade. Entretanto, é possível afirmar que há uma influência indireta da modernidade, uma vez que Lima Vaz opta por responder às *aporias* da razão moderna como uma prática filosófica. Evidentemente, sua filosofia não se resume a essa prática, mas há boa parte dessa discussão como pauta de suas obras.

O ponto de partida da dialética grega está fundado na formação do homem grego (*paideia*); nela, a dialética assume o papel de organizadora do entendimento humano, que se constrói por um caminho (*méthodos*) com vistas a orientar as atividades intelectuais em busca de soluções para os problemas (*aporias*)[4]. A partir da articulação de preposições apresentadas por interlocutores – normalmente dois –, numa perfeita execução do *dialégesthai*, através do *lógos*, alcançava-se a verdade que, em Platão, orientava-se para a Ideia, o absoluto.

Lima Vaz faz questão de observar que existiam dois caminhos, ou estilos, de dialética. O primeiro, marcado pela presença da ação dos sofistas, era a erística (*éris*: luta acirrada), que se fundava no convencimento e numa disposição de argumentos que não se orientavam à busca da verdade. O segundo, baseado na prática socrática, buscava estabelecer um consenso entre as partes, tendo em vista a estabilidade do *lógos*, levando à verdade como integradora das possibilidades apresentadas no diálogo[5]. Contudo, uma observação é necessária dentro do contexto formativo da dialética: a lógica. Algumas posições históricas, entre elas a presente no renomado trabalho de Paul Lorenzen e Kuno Lorenz[6], admitem que a construção da lógica só foi possível graças ao contexto grego do diálogo, especificamente a partir da proposta socrática. A lógica "não é senão a codificação das formas das preposições e de sua conexão demonstrativa, que compareçam originalmente no diálogo e descrevem o caminho (*méthodos*) correto do *lógos*"[7]. É a partir do momento em que a lógica se torna a responsável pela organização das formas do *lógos*, independente do diálogo, que passam a existir dois caminhos para a busca da verdade.

A primeira posição assumida, derivada dos diálogos platônicos, especificamente os da maturidade, que estabelecem uma *thésis*, constitui-se pelo acompanhar do movimento do *lógos*, dialético em suas bases, não se preocupando em estabelecer regras predeterminadas para analisar os elementos, mas, sim, em admitir o fluxo dialogal até que se alcance a Ideia última. Já a segunda posição, fruto de uma definição aristotélica, presente em

---

[4] VAZ, H. C. de L., Método e dialética, 10-11.
[5] Ibid.
[6] LORENZEN, P.; LORENZ, K., *Dialogische logik*, Darmstadt, Wissenschaftliche Buchgesellschaft, 1978.
[7] VAZ, H. C. de L., Método e dialética, 10-11.

Analíticos I e *II*, aposta para o estabelecimento de regras previamente formuladas a partir da análise dos elementos do *lógos*, nominando, assim, o silogismo em geral e o demonstrativo em particular. Assim, têm-se os métodos dialético e analítico[8].

Apesar de reconhecer a possibilidade da lógica como proposta de se alcançar o *lógos*, Lima Vaz opta por não abandonar a referência platônico-hegeliana em seus escritos, admitindo que elas são as possibilidades de leitura filosófica da cultura ocidental.

Falamos de duas possibilidades teóricas extremas na medida em que todas as outras que foram tentadas modelam-se, por sua vez, nesses dois paradigmas. Enquanto sabemos, nenhuma transgressão rigorosamente filosófica do espaço platônico-hegeliano, apesar de numerosas tentativas, logrou alcançar seu intento[9].

Ao optar por esses dois filósofos, primordialmente por Platão, como se verá adiante, Lima Vaz refaz o caminho primeiro da filosofia grega, recolocando o *lógos* como meio para o entendimento da realidade humana. É o exercício próprio do filósofo, sua *atopia*: pensar o seu tempo, sua cultura, sua história, mas com vistas às ideias. A opção de Lima Vaz, portanto, tem em voga uma justificativa filosófica: seguir pela estrutura do modo de pensar filosófico que, para ele, tem suas bases fundadas no modelo platônico e torna-se aprimorada por Hegel. Não se trata de uma escolha fundada numa possível resposta aos eventos histórico-culturais, como pondera Cláudia Oliveira:

> O lugar paradigmático conferido por Lima Vaz a esses dois modos de filosofar, como vimos, parecem se justificar graças a dois traços característicos de ambos os modelos. O primeiro diz respeito ao fato de que eles teriam nascido como uma resposta a uma situação histórica bem definida. Tanto a dialética platônica quanto a hegeliana têm origem, de acordo com a interpretação de Lima Vaz, do confronto desses pensadores com problemas histórico-culturais[10].

O que se tem na posição de Cláudia Oliveira não é a justificativa da opção de Lima Vaz pela dialética, mas, sim, a determinação de seu surgimento

---

8 Ibid.
9 VAZ, H. C. de L., *Escritos de filosofia III. Filosofia e cultura*, 17.
10 OLIVEIRA, C. M. R., *Metafísica e ética*, 89.

histórico. Evidentemente, Lima Vaz faz menção à relevância do aspecto histórico, mas deixa claro que a dialética platônico-hegeliana se apresenta como o único caminho para a reconstrução dos primeiros passos do *lógos* discursivo[11], seu objetivo primordial. Isso se deve, principalmente, pelo fato de que é pela dialética que se tem "a possibilidade da presença do inteligível" (*noetón*) no discurso humano, como fundamento do "dar razão" (*lógon dounai*), é o que permite desfazer as aporias do sensível (*aisthetón*) e do opinável (*doxastón*)"[12]. Especificamente, o que se tem então é o estabelecimento da dialética da ideia, como assevera Lima Vaz:

> uma reordenação ao Uno e uma explicação, a partir do Uno, do múltiplo que se manifesta no mundo dos homens como desordenado e insensato e que é representado, segundo Platão, pela desmesura da *hýbris* e, segundo Hegel, pela dilaceração (*Entzweiung*) da existência histórica[13].

Lima Vaz entende, portanto, que somente através da dialética, fruto da verdadeira prática filosófica, será possível "instaurar a sensatez da razão no *médium* histórico da desrazão"[14] da modernidade. A exemplo da construção platônico-hegeliana, a produção de Lima Vaz funciona como respostas às aporias do tempo presente, como que num esforço para "pensar o tempo no conceito"[15]. A cada um dos seus escritos, ele apresenta posições oriundas das incompreensões e limites da modernidade, respondendo, através de um caminho dialético fundamentado, com proposições filosóficas, dispondo de uma compreensão crítica da cultura e da história do humano. Ao seguir esse caminho, Lima Vaz promove um movimento de reconstrução do *lógos*, tendo em vista a busca de uma ideia suprema que "dá razão" (*lógon didónai*), ou que justifica o roteiro da dialética[16].

---

11 Lima Vaz apresenta os passos do *lógos* discursivo da seguinte forma: relação de alteridade, relação de pluralidade, relação de negação entre finito e infinito, relação de dependência, relação de possibilidade. Cf. VAZ, H. C. de L., Método e dialética, 11-12.
12 VAZ, H. C. de L., *Escritos de filosofia III. Filosofia e cultura*, 18.
13 Ibid., 19.
14 Ibid.
15 VAZ, H. C. de L., Morte e vida da filosofia, 17.
16 VAZ, H. C. de L., Método e dialética, 11.

Uma segunda justificativa para a opção pelo modelo platônico-hegeliano, obviamente, pela dialética, reside na existência de oposições dentro da afirmação primordial da inteligibilidade: o ser é. Essa condição ontológica da dialética platônico-hegeliana é um dos motivos pelos quais Lima Vaz adota esse caminho (*méthodos*). A oposição que se encontra na proposição da identidade do Ser fomenta a disposição dialética a partir das aporias fundamentais: "ser idêntico/ser outro; ser uno/ser múltiplo; ser infinito/ser finito; ser absoluto/ser relativo; ser necessário/ser contingente"[17]. Assim, a produção filosófica de Lima Vaz, evidencie-se, tem como finalidade reordenar o Múltiplo para o Uno através de uma dialética do tempo e da história. As obras são, nas palavras do próprio Lima Vaz, "uma reflexão e um discurso (*lógos*) sobre o ser humano e o seu agir do ponto de vista de sua inteligibilidade radical, ou seja, a inteligibilidade que fundamenta sua afirmação como ser"[18]. Esse direcionamento para a oposição finito-infinito, condição original do humano, implica a existência de um infinito que se manifesta de diversas formas, e o que possibilita o desenvolver das obras de Lima Vaz acerca do conhecer (filosofia), do ser (antropologia filosófica) e do agir (ética).

Lima Vaz é filho de seu tempo, e, assim como Platão e Hegel, sua busca filosófica quer pensar a história e a cultura, questionando, como boa prática dialética, as *aporias* apresentadas por seu século. Ao que se sabe, o século XX tem como marca distintiva

> duas grandes guerras mundiais, divisão do mundo ocidental entre comunistas e capitalistas, revoluções, repressões, luta por liberdade, queda do regime comunista e das ditaduras, vertiginoso desenvolvimento científico-tecnológico[19].

Cabe ressaltar no pensamento de Lima Vaz a impossibilidade do pensar o tempo presente, especificamente pela busca do Ser do humano em suas bases metafísicas e pela perda do real: ou seja, a negação da existência, a dificuldade em se estabelecer referências para o agir humano e a eclosão do *niilismo* a partir de uma razão meramente científica são os pontos que justificam a situação atual do Ocidente. É nesse contexto que nascem as obras de Lima Vaz e o caminho ao qual elas se voltam.

---

[17] Ibid., 13.
[18] Ibid., 5.
[19] OLIVEIRA, C. M. R., *Metafísica e ética*, 47.

Ao levantar as principais influências que a modernidade recebeu, para tentar compor um contexto histórico-cultural, Lima Vaz percebe que há uma ligação direta entre os principais eventos do século XIII, que levaram ao surgimento da razão moderna, e os acontecimentos que motivaram as transformações no século XX. São as ponderações e os feitos da antiguidade tardia – o intervalo entre a antiguidade clássica e a Idade Média – que se convertem nas mesmas dificuldades entre a Idade Média e a modernidade. Tais *aporias* podem ser resumidas em três questões e três temas. Começando pelas questões, a saber:

> (1) a questão da significação *gnosiológica* do próprio *exercício* do saber e sua ordem; (2) a questão da significação *ontológica* do *objeto* do saber e do seu teor de inteligibilidade; (3) a questão da significação *ética* do exercício do saber na prossecução de um agir segundo o bem[20].

Já os temas são:

> (1) o tema do *conhecer*, que introduz no campo da reflexividade da razão a interrogação sobre os modos e caminhos da construção do saber (*ratio intelligendi*); (2) o tema do *ser*, que levanta a pergunta frontal sobre a origem e a razão causal do existir inteligível (*causa essendi*); (3) o tema do *agir*, no qual é posta a questão sobre a teleologia da vida humana e, portanto, sobre a ordem dos fins (*ordo vivendi*)[21].

Em resumo, o que Lima Vaz faz é apresentar os pontos centrais em que se concentram os problemas gnosiológicos e epistemológicos da civilização ocidental, que em sua simbologia se concentra nos modos de *compreender*, causa do *ser*, ordem do *viver*[22]. Entretanto, Lima Vaz ressalta que em suas buscas pelo estabelecimento da resolução das dificuldades da modernidade há um ponto que se diferencia fundamentalmente da crise do século XIII: a negação da existência de um absoluto para o qual converge o universo; um "vértice divino [...] no qual se realiza a plenitude do *Ens*, do *Verum* e do

---

[20] VAZ, H. C. de L., *Escritos de filosofia VII. Raízes da modernidade*, 76.
[21] Ibid.
[22] Ibid.

Bonum"²³. Tal negação, admite, apresenta-se como uma das maiores questões para a modernidade.

A resposta que será construída por Lima Vaz assume como paradigma essas condições supracitadas, tendo como referência teórica a matriz racional herdada dos gregos e que representam toda a inteligibilidade possível: "a *ideia* como matriz do *conhecer*; a *causa* como matriz do *ser*, e o *fim* como matriz do *agir*"²⁴. Esse movimento tem como causa final o encontro de uma unidade que promova o sentido necessário para a modernidade, e aqui a dialética de Lima Vaz passa a ser auxiliada pelas disposições categoriais da filosofia de Tomás de Aquino, em que o sentido para o existir é possível graças à relação com o absoluto.

Com vistas a resolver tal procedimento, Lima Vaz constrói um caminho para a sua reflexão dividindo-a em três momentos específicos: partir de uma *aporia*, apresentar uma reflexão sobre o problema através de categorias filosóficas, e, só então, apontar uma unidade a partir das variantes categoriais da *aporia*. Ou seja, primeiro há a pergunta pelo ser da realidade em pauta, então se estabelece quais são as categorias necessárias à explicação, ou resolução, da *aporia*, e, por fim, articula-se um final em que se pode apontar uma unidade de sentido. Nessa tríade se encontra a dialética vaziana. Assim, é possível dizer que, para Lima Vaz, a dialética pode ser definida como um "discurso sobre as *categorias*, que supõe sempre uma relação de oposição entre seus termos e de *suprassunção* (*Aufhebung*) progressiva dos termos vindo a construir a *ordem* do discurso"²⁵. Na dialética do ser, essa disposição ao infinito está implicada na limitação tética do "Eu sou". Assim, "o ser do sujeito humano se põe (*thésis*) ou se afirma como dinamicamente orientado para o infinito ou Absoluto"²⁶. Na dialética do agir, "o infinito já está presente no ponto de partida como Norma primeira do agir sob a razão transcendental do Bem"²⁷. Por fim, na dialética do conhecer, estão postos os caminhos pelos quais se alcança o saber, pois somente pela Ideia é que se torna possível o estabelecimento do ser e do agir.

---

23 Ibid., 77.
24 Ibid., 78.
25 VAZ, H. C. de L., *Antropologia filosófica I*, 106.
26 VAZ, H. C. de L., Método e dialética, 16.
27 Ibid.

O estabelecimento de um caminho seguro para a superação do *niilismo* do século XX passa, portanto, pela recomposição do ser e da compreensão do tempo presente, num resgate da composição fundamental da existência. Esse movimento, para nós, é o que se convencionou chamar de dialógico: base para uma bioética em Lima Vaz, que se funda sobre essa tríplice ordenação do *lógos* para a reconstrução ontológica do humano como pessoa em suas categorias.

7.1. Da dialética à dialógica

O procedimento dialético, dentro do que preconiza Lima Vaz, tem como objetivo encontrar, pelo caminho da ordenação do *lógos* e a articulação de proposições (*diá-logos*), a verdade última, a Ideia que dá razão (*lógon didónai*). A partir das partes presentes no diálogo, e as proposições daí derivadas, busca-se apresentar um referencial último que contenha aspectos de cada uma das posições apresentadas, organizando a razão humana e respondendo às *aporias*, que, para Lima Vaz, são oriundas da crise da modernidade.

A dinâmica que se postulamos é a demonstração da dialógica na dialética vaziana. O que se propõe, portanto, é a apresentação de um caminho (*méthodos*) dialógico que se estrutura na disposição de diversos diálogos (aspectos culturais) – formadores do ser humano –, que apresentam conceitos próprios (categorias filosóficas), cada um à sua maneira, num processo de interação, e ao mesmo tempo questionamentos (*aporia*), e que fundamenta a existência do *lógos* através de discursos diversos, tendo em vista a busca da verdade. Porque é o entrelaçamento e a interdependência dos discursos, da multiplicidade de categorias aparentes, que direciona e possibilita o encontro da ideia, ou, como assevera Platão, da ideia suprema.

O primeiro movimento teórico a ser feito, em busca de se compreender a dialógica na dialética de Lima Vaz, é determinar o que se entende por dialógica. A dialógica é comumente definida como uma forma de apresentar ideias dispostas em diálogo com vistas a alcançar algum objetivo. O próprio Lima Vaz apresenta consideração semelhante em suas obras, ao defender que o

> caminho dialético começa e desdobra-se em estágios, seja de ascensão ao mundo das Ideias, para a qual o instrumento do *proce-*

dimento dialógico é considerado essencial, seja de discurso sobre as Ideias, no qual consiste propriamente a dialética[28].

Evidencie-se, contudo, o fato de que Lima Vaz toma a dialógica como um procedimento. Considerando seus referenciais platônico-hegelianos e, posteriormente, tomista, fica claro que tal procedimento é, em verdade, a disposição dos discursos em forma de diálogo. Isso se dá, primordialmente, pelo fato de que em Platão, e em Lima Vaz, o processo dialógico nada mais é do que um questionar, interrogar, o *lógos* com o intuito de revelar o ser e o Bem. Dessa forma, a partir do processo interrogatório, o *lógos* passa a ser o guia para esse humano, de maneira que

> o caminho que se abre aos interrogantes é então justamente o caminho dialógico, os interrogantes tornam-se itinerantes de um *méthodos* (caminho direito) que finalmente os conduzirá à visão das Ideias e dos Princípios do ser[29].

Esse contexto da dialógica como meio pelo qual se constrói a Dialética é fundamental para o resgate do humano no contexto da modernidade, bem como para a superação da crise dessa mesma modernidade. Em Lima Vaz, a recolocação da metafísica platônica, que aposta na transcendência do sujeito e se opõe à nascida pós-Descartes, só é possível a partir da análise do contexto histórico-cultural do *ethos*, que visa o aprimoramento do humano pela virtude. Na modernidade cartesiana, essa realidade histórico-cultural centra-se no *lógos* para propor uma dinâmica mecanicista da natureza humana. Em síntese,

> o caminho metafísico que parte da *areté* conduz à plenitude do Ser como perfeição ou Bem (*agathón*), ao passo que aquele que parte da *physis* reescrita em linguagem matemática conduz à evidência do sujeito ordenador e legislador da mesma *physis*[30].

O que se torna fundamental no processo dialógico em Lima Vaz é a demarcação de que o *lógos* é descoberto a partir da busca e do estabelecimento

---

[28] VAZ, H. C. de L., *Escritos de filosofia III. Filosofia e cultura*, 30.
[29] VAZ, H. C. de L., Platão revisitado. Ética e metafísica nas origens platônicas, *Revista Síntese Nova Fase*, v. 20, n. 61 (1993b) 181-197, aqui 187.
[30] Ibid.

do ser como *areté* pelo caminho do absoluto, da Ideia, da *epistéme*. Esse movimento dialógico, que busca a ordenação do Múltiplo ao Uno, é o que passa a ser compreendido como propositor da ontologia a partir da sobreposição de oposições em busca do real. A metafísica é, assim, uma experiência ontológica que se utiliza da dialógica como teoria e a dialética como sistematização desse caminho para a compreensão do humano.

O ponto de partida que explica o modo como se constrói essa análise (da dialógica como teoria e da dialética como sistematização) encontra-se nos objetivos próprios da dialógica: a partir das características dos discursos apresentados nos diálogos, encontrar uma referência em comum que busque explicar determinado contexto, ou chegar a uma posição final comum. A proposta de Lima Vaz, ao se optar pela dialética, caminha nesse mesmo sentido: encontrar a Ideia, através de um caminho (*méthodos*) de orientação do *lógos*, que explique o ser humano da modernidade, propondo soluções para sua crise e a crise de seu tempo. Essa condição fica evidenciada quando Lima Vaz justifica a escolha da dialética, como mencionado anteriormente, por conta de não existir outra forma de se explicar a condição humana na modernidade ou resolver as *aporias* que daí derivam. O fato a se ressaltar é que tal condição só será possível a partir da aplicação da dialógica como processo, o que se verá adiante.

A colocação da dialógica em unidade com a dialética vaziana, advém do princípio de que esse dialogismo considera Ideia como sendo formada a partir dos outros discursos que se entrecruzam e se complementam. Essa posição vai ao encontro da proposta filosófica de Lima Vaz e sua *universalidade* de intenção, que abarca todos os campos presentes na cultura – "Religião, Ética, História, Ciências da Natureza e Ciências Humanas, Política"[31] –, analisados à luz da experiência metafísica. Assim, a

> experiência metafísica do caminho é, portanto, aquela que parte de uma experiência múltipla e aporética e através do exercício do *lógos* torna possível a superação das oposições e a afirmação da inteligibilidade do real[32].

---

[31] VAZ, H. C. de L., *Escritos de filosofia III. Filosofia e cultura*, 4.
[32] OLIVEIRA, C. M. R. de, Metafísica e liberdade no pensamento de H. C. de Lima Vaz, *Sapere Aude*, v. 5, n. 10 (2014) 123-138, aqui 123.

O caminho do *lógos* pela cultura, movido pela filosofia, em busca de uma metafísica da ontologia, é o que possibilita o encontro com o eu do humano. É somente pela dialógica na dialética de Lima Vaz que isso se torna possível.

Um outro ponto a ser considerado se refere ao modo de pensar da filosofia, já que somente ela consegue adentrar e avançar pelos aspectos da cultura buscando uma autofundamentação, a ideia, assim como os diálogos se entrepassam para formar o discurso, buscar a verdade. A filosofia investiga todos os domínios fundamentais da cultura, buscando dar razão a esses mesmos fundamentos. Assim, ela lida com os fundamentos dos fundamentos do humano, analisa os discursos presentes no tempo e na história, com vistas a responder aos questionamentos que daí surgem. É um transpassar permanente da razão, através de um caminho (*méthodos*) próprio, tendo como objetivo tornar possível a sobrevivência do humano; um voltar-se sobre si mesmo para buscar a origem, o absoluto. É um reconduzir o mundo dos homens à unidade, que, pela dialógica, só será possível ao se considerar as partes presentes no múltiplo, é compreender que a filosofia está "engendrada necessariamente pelo próprio desenvolvimento da Cultura: uma necessidade *histórica*, nascida de problemas que se originavam no seio da própria cultura"[33].

Se para Lima Vaz, como visto, um dos maiores problemas da crise da modernidade está no *niilismo* ético, surgido da perda da capacidade de análise do tempo presente, sua superação se dará, de fato, pela filosofia. Uma civilização que fez da razão o seu ponto fundante, precisará, obrigatoriamente, da razão para resolver suas divergências e orientar sua cultura. Essa condição se assemelha à ideia do "princípio antrópico, segundo o qual a compreensão do universo por um ser inteligente que dele faz parte implica a presença, no mesmo universo, das condições de possibilidades de ser compreendido justamente por esse ser"[34].

Outro aspecto a ser mencionado acerca da dialógica é a necessária dependência da *alteridade*, pois somente por ela é possível definir o humano. Como a construção do *eu* se dá através do *outro*, a compreensão do ser humano passa, necessariamente, pelas relações que se estabelecem entre os dois. Na prática, é a relação eu-outro que possibilita uma interdefinição,

---

33 VAZ, H. C. de L., *Escritos de filosofia III. Filosofia e cultura*, 76.
34 VAZ, H. C. de L., *Antropologia filosófica II*, São Paulo, Loyola, ⁷2016, 49.

interpenetração, sem a obrigatoriedade de que ambos se misturem ou se fundam. Essa complexa questão é parte essencial da antropologia vaziana, disposta em dois volumes integrantes de sua coletânea filosófica, subdividida em duas partes: uma histórica e outra sistemática, que se perfaz de um itinerário para responder à pergunta fundamental: "o que é o homem?". Mesmo não sendo a intenção deste trabalho expor tal antropologia em seus fundamentos – o que requereria um outro texto, num momento oportuno, devido a sua extensão e abstração filosófica –, faz-se necessário abordar os aspectos centrais levantados por Lima Vaz, para que a dinâmica da dialógica em seus pensamentos seja evidenciada.

Assumindo a antropologia como disposição fundamental na dialética do Ser de Lima Vaz, sua função de responder aos questionamentos oriundos da crise da modernidade, no que tange ao ser do humano (do ser enquanto Ser), coloca em discussão a primeira observação fundamental: "como recuperar a ideia unitária do homem?"[35]. A antropologia vaziana, assim, apresenta-se como uma resposta analítica à questão inicial, primando pela ordem sistemática do discurso – concentrado no equilíbrio entre os polos epistemológicos da compreensão do homem, a saber: Natureza, Sujeito e Forma, que são determinados ou pela tradição cultural em que o homem se encontra ou por seu estilo de vida[36]. É através desse procedimento metódico, e por compreender o homem – objeto do discurso – também como *sujeito* (a compreensão que o homem tem de si mesmo), que Lima Vaz apresenta os três níveis de conhecimento do homem que uma antropologia filosófica deve considerar: os planos da pré-compreensão, da compreensão explicativa e da compreensão filosófica (ou transcendental)[37].

No plano da pré-compreensão, Lima Vaz postula que

> essa tem lugar num determinado contexto histórico-cultural, no qual é predominante uma certa *imagem do homem*, que modela uma forma de *experiência natural* que o homem faz de si mesmo e que exprime intelectualmente em representações, símbolos, crenças etc.[38]

---

[35] Vaz, H. C. de L., *Antropologia filosófica I*, 141.
[36] Ibid.
[37] Vaz, H. C. de L., *Antropologia filosófica II*, 12.
[38] Vaz, H. C. de L., *Antropologia filosófica I*, 143.

A análise dessa primeira concepção busca estabelecer uma visão natural do homem. Trata-se de uma experiência primeira em que não há a presença do conhecimento científico, ou filosófico, na dinâmica do conhecimento do homem. De certa forma, esse saber do humano se baseia basicamente nas disposições culturais, que ajudam a representar, simbolicamente, o ser humano. Em muitos casos, a presença da crença como meio para o entendimento é um caminho adotado por esse modelo de pré-compreensão.

O segundo plano da compreensão explicativa é, segundo o entendimento de Lima Vaz,

> o plano no qual se situam as *ciências do homem*, que pretendem compreendê-lo por meio da explicação científica, obedecendo a cânones metodológicos próprios de cada ciência[39].

A partir desse plano, Lima Vaz apresenta o caminho para o conhecimento do humano, o método científico[40] definido pela ciência. De fato, aqui há uma restrição desse entendimento pelas posições assumidas pela ciência, bem como as explicações metódicas, que superam as concepções metafísicas e filosóficas. O ponto fundamental passa a ser a aceitação de um modelo prático que não concebe, em suas bases, a existência de um absoluto, de uma ideia superior. Toda a possibilidade de conhecimento do humano reside, assim, nos meios que cada uma das ciências apresenta para alcançar seus objetivos específicos.

No terceiro e último plano, o da compreensão filosófica (ou transcendental), Lima Vaz afirma que

> o termo "transcendental" é usado aqui em dois sentidos. O primeiro é o sentido *clássico*, ou seja, o sentido que pervade todos os aspectos do objeto ou, em outras palavras, considera o objeto *enquanto ser*. O segundo é o sentido *kantiano-moderno*, ou seja, aquele que exprime a compreensão filosófica como *condição de possibilidade* (e, portanto, de inteligibilidade) das outras formas

---

[39] Ibid.
[40] Na disposição dos métodos científicos, Lima Vaz estabelece cinco possibilidades: método empírico-formal (ciências da natureza), dialético (ciências da história), fenomenológico (ciências do psiquismo), hermenêutico (ciências da cultura) e ontológico (antropologia clássica).

de compreensão do homem: a pré-compreensão e a compreensão explicativa⁴¹.

Esse plano é a abertura e a consideração que Lima Vaz faz acerca da filosofia e do conhecimento filosófico. Aqui, os objetivos se concentram em apresentar a filosofia como um meio de busca pela razão que independe da ciência, ao mesmo tempo em que se coloca como o único meio pelo qual os demais planos existam.

A partir do estabelecimento dos níveis de conhecimento, Lima Vaz propõe direções, um roteiro que seguirá a metodologia supracitada, para que a antropologia filosófica siga tendo em vista a busca do saber do homem sobre si mesmo. Assim, cabe à antropologia apresentar e definir o espaço conceptual aplicado em cada uma das compreensões em que se insere o *ser-homem*: a) conceitos de *estrutura*; b) conceitos de *relação*; c) conceitos de *unidade*.

No que tange aos conceitos de *estrutura*, responsáveis pelos níveis ontológicos do homem, tem-se: 1) estrutura somática (categoria do *corpo próprio*); 2) estrutura psíquica (categoria do *psiquismo*), e 3) estrutura espiritual (categoria do *espírito*). Quanto aos conceitos de *relação*, que apresentam orientações externas ao homem, caracterizam-se pela: 1) relação com o Mundo (categoria da *objetividade*); 2) relação com o Outro (categoria de *intersubjetividade*), e 3) relação com o Absoluto (categoria de *transcendência*). Por fim, dos conceitos de *unidade*, que unificam as relações e estruturas, diz-se: 1) unidade como unificação (categoria da *realização*) e 2) unidade como ser-uno (categoria da *essência*). Cumpre ressaltar que é pela síntese entre as categorias de estrutura e de relação que se apresenta a Ideia do homem como *pessoa*, unidade, ato total em sua realização existencial, sua autorrealização⁴².

Estabelecido o sistema de conceitos, ou, como postula Lima Vaz, "sistema de categorias que dão razão da situação fundamental do ser humano"⁴³, ou ainda, o que apresenta a totalidade estrutural do ser humano, é necessário levantar um segundo questionamento: "como, nesse dizer-se a si mesmo, o homem diz igualmente o mundo e os outros e tenta mesmo dizer o Outro

---

⁴¹ Vaz, H. C. de L., *Antropologia filosófica I*, 143.
⁴² Ibid.
⁴³ Vaz, H. C. de L., *Antropologia filosófica II*, 10.

absoluto, na dimensão objetiva das coisas e na dimensão intersubjetiva dos outros sujeitos?"[44].

A resposta a essa segunda pergunta começa a ser delineada a partir da compreensão de que, num primeiro movimento dialético, Lima Vaz se propõe a evidenciar as estruturas formais da expressividade do homem como sujeito. O que se tem, portanto, é a explanação direta dos aspectos *formais* do homem. A segunda parte dessa resposta, e a fundamentação de dialética pela dialógica, tem em vista apresentar aquilo que Lima Vaz chamou de con-teúdo da *forma*. Forma essa que não advém do homem enquanto ser *situado*, mas de seu exterior, a partir da *relação* com a realidade na qual está inserido. Em termos linguísticos, seria a passagem do significante ao significado[45].

A relação do homem com seu exterior tem, em verdade, o conteúdo necessário para sua autoexpressão. Essa condição apresenta uma fórmula direta para o "dizer-se a si mesmo", em que o sujeito se torna a mediação de si, ser enquanto Ser.

É uma relação do mesmo (*ipse*) ao mesmo e que, por conseguinte, se desdobra no domínio da *forma* ou da estrutura *eidética* constitutiva do homem. Essa estrutura é, enquanto tal, perfeição (*enérgeia*) mas é, por outro lado, essencial abertura à realidade na qual o homem se situa, ou seja, é estruturalmente *esse ad aliud*[46].

É a relação de abertura do homem para si mesmo que torna possível sua abertura ao exterior, em forma de uma *relação ativa*. Dessa forma, "o relacionar-se com o outro (relação de alteridade) é, para ele, igualmente, ato, perfeição, *enérgeia*"[47]. Essa dialética do interior-exterior é que possibilita ao homem em um universo de significação caminhar para o encontro com o seu Ser. Entretanto, Lima Vaz observa que há uma "correspondência entre a diferenciação categorial da estrutura antropológica e a diferenciação ôntica da realidade com a qual o homem se relaciona"[48]. Tal condição se evidencia na forma das três grandes regiões do ser em que se estabelecem as bases da sustentação desse mesmo homem: o mundo, os outros e o Transcendente.

---

[44] Ibid., 11.
[45] Ibid.
[46] Ibid., 12.
[47] Ibid.
[48] Ibid., 14.

A partir delas têm-se as três esferas de relação do homem com a realidade: relação de *objetividade*, relação de *intersubjetividade* e relação de *transcendência*[49]. Por fim, em cada uma dessas esferas Lima Vaz afirma existir uma primazia de uma estrutura do ser-homem: "na relação de *objetividade* a primazia é dada ao corpo próprio, na relação de *intersubjetividade* a primazia é dada ao psiquismo, e na relação de *transcendência* a primazia é dada ao espírito"[50], da mesma forma que o "Mundo, História, Absoluto são os três termos das relações constitutivas da abertura do homem à realidade, vem a ser, da sua *situação* fundamental"[51]. Portanto, a primazia da qual fala Lima Vaz consiste em considerar o *corpo próprio* a abertura do homem para o *mundo*; o *psiquismo*, a abertura ao outro (ou à História); e o *espírito*, a abertura constitutiva ao absoluto[52]. O que se percebe é que toda a construção da resposta ao Ser do humano depende da correlação de cada um desses pontos da sistemática da dialética vaziana.

A sistemática utilizada por Lima Vaz[53] para compor sua explanação acerca da antropologia e de seu papel enquanto responsável por evidenciar o Ser acaba sendo levada para todas as demais áreas em que o filósofo escreveu. Ao apresentar sua posição acerca da ética – enquanto demonstração do agir do homem –, Lima Vaz obedece à mesma metodologia apresentada na antropologia, realizando, porém, as adaptações necessárias, de modo que tanto em uma quanto na outra é possível observar a presença da dialógica vaziana[54]. Ponto fundamental a se observar acerca de sua dialética é como o objetivo é alcançado à medida que as análises vão sendo feitas. Ao longo do processo, Lima Vaz estabelece os aspectos que serão debatidos e fundamentados que se convertem em soluções possíveis para as *aporias*, servindo como um norte filosófico para as questões da modernidade.

Cumpre observar que a dialógica de Lima Vaz reside na impossibilidade de se pensar a Ideia, ou a busca da verdade, sem que se considere a

---

[49] VAZ, H. C. de L., *Antropologia filosófica II*, 14.
[50] Ibid.
[51] Ibid.
[52] Ibid.
[53] Como demonstrado por Rubens Sampaio, no capítulo V da segunda parte. Cf. SAMPAIO, R. G., *Metafísica e modernidade*.
[54] Para melhor apresentar o pensamento ético de Lima Vaz, optou-se por expor a sistemática no próximo tópico, uma vez que a ética está em estreita relação com a bioética.

dependência de cada um dos aspectos formadores dos discursos apresentados. Assim, somente com o assumir da posição em comum presente em cada um dos pontos discutidos é que se alcança o objetivo final. De maneira direta, só há como encontrar o Ser do humano a partir do equilíbrio dos seus polos epistemológicos: Natureza, Sujeito e Forma.

Admitindo, portanto, que a dialógica considera as partes em comum presentes nos diferentes discursos, bem como seu relacionamento interdependente, só é possível pensar esse equilíbrio a partir da unificação das relações, das estruturas e da unidade que lhes são formadoras. Entretanto, essa unificação está contida, ou somente surge, na unidade como unificação (categoria da realização) e da unidade como ser-uno (categoria da essência). Consequentemente, as categorias de realização derivam da relação com o Mundo (categoria da objetividade), com o Outro (categoria de intersubjetividade) e com o Absoluto (categoria de transcendência). Já as categorias de estrutura são frutos da estrutura somática (categoria do corpo próprio), da psíquica (categoria do psiquismo) e da espiritual (categoria do espírito). Todo esse entendimento possibilita as dimensões compreensivas desse humano como sujeito, a saber: plano da pré-compreensão, plano da compreensão explicativa e plano da compreensão filosófica (ou transcendental), nascidos a partir do que está disposto na tradição cultural e passam a definir o caminho para o equilíbrio entre os polos de compreensão do humano: Natureza, Sujeito e Forma. Em linhas gerais, a dialética analisa as contraposições presentes nos discursos dos diálogos, em busca do ponto verdadeiro. A dialógica considera que há partes de cada discurso apresentado no diálogo na Ideia final que, no caso da antropologia, é o Ser.

Cabe ainda observar a questão da interdependência. Como cada discurso apresenta alguma posição em comum com a Ideia final (no Ser há Natureza, Sujeito e Forma; na Natureza, no Sujeito e na Forma há o Ser), entre eles surge a necessidade de completude. Dessa forma, a Natureza depende do Sujeito e da Forma; o Sujeito, da Natureza e da Forma; a Forma, da Natureza e do Sujeito, e assim em cada uma das etapas dialéticas dos discursos. Dessa forma, é possível admitir que as obras de Lima Vaz adotam a dialógica como processo de construção da razão pela dialética.

A finalidade dessa concepção é encontrar o real motivo que leva Lima Vaz a traçar um caminho para a sua filosofia. É possível observar que tal motivo é o mesmo que guiou, e guia, a filosofia pelo caminho da história:

o que é o humano? Essa proposta se une à resposta bioética em Lima Vaz para responder à *aporia* fundamental da filosofia: como pensar a sobrevivência desse mesmo humano? O caminho dialético construído pela dialógica levou Lima Vaz a encontrar uma resposta única que perpassa ambas as necessidades: a dignidade humana. É a essa dignidade humana que remetemos a proposta de uma *Bioética Dialógica* como caminho (*méthodos*) de Lima Vaz, aqui defendida, pois é a que consegue unir as necessidades e características essenciais para a compreensão do humano e de sua relação com o tempo presente ao mesmo tempo em que resolve a crise oriunda da modernidade, aspectos que compõem o capítulo a seguir.

CAPÍTULO 8

Bioética Dialógica: a dignidade da vida e o conceito no tempo

O contexto do surgimento da bioética remonta à década de 1960, um período marcado por grandes transformações sociais, culturais, políticas e econômicas. O eco por liberdade se fazia ouvir em inúmeras nações, onde os jovens acabavam por assumir o protagonismo dessa reivindicação. Todo esse movimento, bem como as transformações que daí surgiram, passaram a ser denominadas "contracultura". Esse instrumento específico de ação dos jovens contra o modelo de sociedade imposto tornou-se responsável pela transformação dos costumes ocidentais, uma vez que "a visão de mundo tradicional passou a ser vista como arcaica e sem sentido para grande parte da juventude que vivia, então, um *ethos* renovado"[1].

[...] para milhões de jovens naquela década, a saída vislumbrada foi a busca de um mundo alternativo. Da recusa da cultura dominante e da crítica ao *establishment* ou "sistema" (como então se dizia), nasceram novos significados: um novo modo de pensar, de encarar o mundo, de se relacionar com as outras pessoas. Da recusa surgia, na verdade, uma revolta cultural que contestou a cultura ocidental em seu âmago: a racionalidade[2].

---

1 GUERRIERO, S., Caminhos e descaminhos da contracultura no Brasil. O caso do movimento Hare Krishna, *Revista Nures*, v. 1, n. 12 (2009) 1-9, aqui 4.
2 PAES, M. H. S., *A década de 60. Rebeldia, contestação e repressão política*, São Paulo, Ática, ⁴1997, 22.

Os principais movimentos dessa época levantavam bandeiras a favor dos direitos civis e da liberdade de expressão, do feminismo, de uma escola livre, do ambientalismo, da libertação gay, da ecologia e contrárias à guerra e ao poderio nuclear. São desse período inúmeras propostas, que buscavam transformar a realidade a partir da cultura, optando por modelos específicos de mídias, esportes, arte – música, filmes, teatros –, tecnologia, religião e espiritualidade. Cumpre ressaltar também o Concílio Vaticano II, de 1961, que alterou boa parte das leis e referenciais da Igreja Católica[3]. A reação a todas essas mudanças, por parte dos Estados, deu-se, em geral, através do aumento da repressão e da perseguição aos adeptos desses movimentos. Assim, ao jovem da época, limitado pelos poderes excessivos do Estado e o consequente uso da força violenta, que tinha na repressão o seu modelo, restou utilizar o que estava ao seu controle: seu corpo, suas ideias e seu comportamento[4].

Geopoliticamente, o mundo dividia-se entre países desenvolvidos, ao Norte, e subdesenvolvidos, ao Sul – além das questões econômicas entre capitalistas e socialistas/comunistas. Sendo o momento de transição, o desenvolvimento apresentava-se, acima de tudo, como uma posição importante no contexto social e econômico e ponto de chegada para os países subdesenvolvidos. A importação de modelos de consumo dos países desenvolvidos – e parâmetros de avanço tecnológico em sequência à corrida espacial-armamentista da Guerra Fria – acaba por invadir os subdesenvolvidos, modificando as relações de consumo e alterando os modelos até então referenciais de vida[5]. Tomando o Norte como modelo ideal, os países subdesenvolvidos deveriam se esforçar para adotar os mesmos sistemas de regulação e funcionamento. Assim, os países ricos "resolveram seus problemas de falta de mão de obra e falta de matéria-prima entrando nos países pobres através de indústrias multinacionais e tirando assim a sua autonomia"[6].

---

[3] PINHO, A. de, O Concílio Vaticano II e a modernidade, *Humanística e Teologia*, v. 34, n. 1 (2013) 133-142.
[4] GUIMARÃES, F. F. F., Traços da contracultura na cultura brasileira da década de 1960. Um estudo comparado entre movimentos contraculturais nos Estados Unidos e no Brasil, *Anais do XXIII Encontro Regional da Associação Nacional de História*, Mariana, ANPUHMG, 2012, 1-18, aqui 7.
[5] Ibid., 14.
[6] Ibid., 8.

Especificamente no campo da saúde, os anos 60 marcam o avanço na saúde da mulher: o Teste de Papanicolau, responsável por detectar o câncer de colo uterino, a descoberta da pílula anticoncepcional, o aprofundamento das pesquisas sobre os hormônios e seus efeitos no organismo feminino, podem ser elencados como exemplos dessa mudança. Agora, "as mulheres podiam enfim escolher entre engravidar ou não; passaram, desta forma, a sobreviver aos partos e a realizar exames preventivos para detecção do câncer"[7].

Em 1971, partindo dos problemas globais complexos, o estadunidense Van Rensselaer Potter (1911-2001) apresentou como uma proposta teórico-prática uma "bioética global"[8], que partia da necessidade de se repensar a condição da "sobrevivência humana"[9]. De maneira geral, Potter se propunha discutir e estabelecer uma "ponte" entre os saberes, os fatos científicos e os valores éticos. Assim, "a bioética deveria ser o produto de uma nova aliança entre o saber científico e a sabedoria moral, dois campos mantidos, até então, rigorosamente separados"[10]. O que se viu no pós-Potter foi o crescimento da busca de se definir a bioética, pois ela não é compreendida nem como disciplina, nem como ciência ou ética[11],

> a sua prática e o seu discurso situam-se na intersecção de várias tecnociências (principalmente a medicina e a biologia, com suas múltiplas especializações), das ciências humanas (sociologia, psicologia, ciência política, psicanálise etc.) e de disciplinas que não são exatamente ciências: em primeiro lugar a Ética e o Direito e, de alguma maneira geral, a Filosofia e a Teologia[12].

As aparentes dificuldades, entretanto, não influenciaram o modo como a bioética se desenvolveu ao longo destes 50 anos de existência. Os

---

7 BARRETO, C. E. de M., As descobertas da medicina no século XX, *Comunicação & Inovação*, v. 15, n. 28 (2014) 187-190, aqui 189.
8 Cf. POTTER, V. R., *Global bioethics. Building on the Leopold Legacy*, East Lansing, Michigan State University Press, 1988.
9 Cf. POTTER, V. R., Bioethics, the science of survival, *Perspectives Biol Med*, v. 14, n. 1 (1970) 127-153.
10 SCHRAMM, F. R., Uma breve genealogia da bioética em companhia de Van Rensselaer Potter, *Bioethikos*, v. 5, n. 3 (2011) 302-308, aqui 303.
11 HOTTOIS, G., *Qu'est-ce que la bioéthique?* Paris, Vrin, 2004, 109-110.
12 Ibid.

ideais de Potter ainda se fazem presentes quando se toma o contexto de criação e os primeiros parâmetros que sustentam a proposta de uma "ponte para o futuro"[13]. O objetivo de Potter, a princípio, era o de desenvolver uma espécie de saber para além dos que já se apresentavam, pois eram insuficientes para lidar com a complexidade do humano e de sua vida. Era preciso, portanto, unir os dois saberes específicos que a "*doxa* epistemológica moderna tinha mantido rigorosamente separados no seu projeto de produzir saberes científicos rigorosos"[14]. O que Potter queria, de maneira direta, era "estabelecer uma relação de diálogo entre a ciência da vida e a sabedoria prática, ou seja, entre os campos do *bíos* e do *ethos*, que é de onde surgiu o neologismo bioética"[15].

A proposta de apresentar a bioética como uma "ponte" deve-se ao entendimento de Potter de que havia, metaforicamente, a necessidade de se estabelecer um diálogo entre ciência e ética, tendo em vista a delimitação de suas propostas pelos saberes e responsabilidades. Isso significava que esta ciência

> deveria ser suficientemente humilde para *saber de não saber* quais seriam os efeitos em longo prazo das implicações práticas de suas descobertas por um lado, e deveria estar disposta a submeter às escalas de valores vigentes, e ao conjunto de suas tematizações[16].

Apesar de não estarem no tempo presente, as análises de Potter chamam a atenção por serem capazes de promover uma reflexão acerca da contemporaneidade, especificamente sobre pontos nevrálgicos, como a moralidade das políticas de saúde, o uso da ciência e da tecnologia pela biomedicina e pela biotecnologia, a qualidade de vida individual e coletiva, as políticas ambientais, a equidade entre diferenças e desigualdades, a gestão de riscos, a globalização e seus fenômenos, a multiculturalização, entre outros[17]. É exatamente por tais aspectos, e pela complexidade que deles

---

13 Cf. POTTER, V. R., *Bioethics. Bridge to the future*, Englewood Cliffs, Prentice Hall, 1971.
14 SCHRAMM, F. R., *Uma breve genealogia da bioética em companhia de Van Rensselaer Potter*, 303.
15 Ibid.
16 Ibid.
17 Ibid., 304.

resulta, ou na qual se encontram, que a bioética na atualidade passa por algumas transformações e, em alguns momentos, parece carecer de referenciais orientadores. Para Fermin Schramm há dois acontecimentos, interligados, que demonstram tal condição:

a) a vinculação cada vez mais estreita, estabelecida nos últimos anos, entre bioética e biopolítica no âmbito da assim chamada Globalização; e b) o implícito questionamento (indicado pelo uso da metáfora da "ponte") da pertinência e legitimidade da lei de Hume, que interdita derivar logicamente valores (o que deve ser feito) a partir de fatos (o que é), e da consequente falácia naturalista, que procura definir a ética em termos naturalistas. Ou seja, o questionamento da lei de Hume parece pertinente quando deixamos o campo restrito da *metaética* e entramos no campo das Éticas Aplicadas, onde "os 'enunciados de fatos' são capazes de ser 'objetivamente verdadeiros' assim como 'objetivamente garantidos' e onde se estabelecem vínculos cada vez mais estreitos, entre bioética e biopolítica"[18].

Nossa proposta no presente livro é buscar um caminho (*méthodos*) que auxilie a bioética a reencontrar sua significação no tempo presente a partir de parâmetros para a ação contidos na proposta teórica das obras de Lima Vaz. A impossibilidade de algumas teorias bioéticas criadas ao longo das décadas firmarem-se como referenciais – funcionais, para as aplicadas –, e mesmo a limitação da teoria de Potter em se tornar a "ponte" ética, encontram na filosofia de Lima Vaz e, de maneira mais imediata, naquela que aqui se chama *Bioética Dialógica*, o aporte necessário para tanto. Sendo a *Bioética Dialógica* um conceito derivado da análise de seus escritos.

Assim, a perda dos referenciais da bioética, a indefinição e sua constitutiva limitação epistemológica poderão encontrar neste texto uma proposta de encaminhamento para uma solução. Pois a busca pela transposição, ou mesmo superação, dos pontos evidenciados, doravante nomeados como as dificuldades da bioética, seguem por alguns caminhos em específico: 1) a substituição da razão científica pela filosófica como base da bioética; 2) a compreensão da ética como *bem* e *fim*; 3) a definição da ética como *práxis*

[18] Ibid.

humana ordenada ao *Bem*; 4) a proposição de uma *Bioética Dialógica* como modelo para o tempo presente. Portanto, o que se pretende é recolocar a bioética como condição para o enfrentamento dessas realidades, especificamente a *Bioética Dialógica*. Admitindo que o eclodir da modernidade e, consequentemente, o desenvolvimento de seu modelo racional foram fundamentais para a transformação do humano e sua realidade, tais condições afetam diretamente a bioética e sua proposta. Nascida para ser uma ligação entre ciências com a finalidade de estabelecer o diálogo dessas com a ética, a bioética não conseguiu, ao longo de sua história, firmar-se como referencial para o humano, por conta do uso da razão científica e do abandono da razão filosófica – movimento próprio da modernidade, como visto em Lima Vaz. Junte-se a isso o fato de que a crise dessa mesma modernidade, aguçada pela perda da capacidade de compreensão do tempo presente, como demonstrado anteriormente, contribuiu para a conversão da bioética em ética aplicada[19], em verdade meramente técnica e não racional. Ao tentar se firmar como um modelo de ação para os cientistas e, posteriormente, para todas as ciências, a bioética adota um caminho de imposição de princípios orientadores, através de um modelo dominante, fundamentalmente baseado no modelo principialista

---

[19] "Com o termo bioética tenta-se focalizar a reflexão ética no fenômeno vida. Constata-se que existem formas diversas de vida e modos diferentes de consideração dos aspectos éticos com elas relacionados. Multiplicaram-se as áreas diferenciadas da Bioética e os modos de serem abordadas. A ética ambiental, os deveres com os animais, a ética do desenvolvimento e a ética da vida humana relacionada ao uso adequado e ao abuso das diversas biotecnologias aplicadas à medicina são exemplos dessa diversificação. É esse último, contudo, o significado que tem prevalecido na prática" (CLOTET, J., Bioética como ética aplicada e genética, *Revista Bioética*, v. 5, n. 2 (1997) 1-9, aqui 1). "Refere-se à necessidade de uma filosofia (e a ética) dar respostas concretas aos conflitos, indo além da teoria, das abstrações e do maniqueísmo entre temas como bem/mal, certo/errado, justo/injusto. A ética prática ou aplicada ressurge a partir dos anos de 1960, com três campos: a ética dos negócios, a ética ambiental (ecologia) e a bioética" (GARRAFA, V., Bioética, 743). "A bioética pode ser considerada a forma de ética aplicada que mais representa a condição humana contemporânea por dizer respeito aos principais conflitos que surgem nas práticas que envolvem o mundo vivido (*Lebenswelt*) e às tentativas de dar conta deles" (SCHRAMM, F. R., A bioética, seu desenvolvimento e importância para as ciências da vida e da saúde, 610).

de Beauchamp e Childress[20] –, o que coloca a própria existência da ética em cheque. O erro fundamental presente em tal movimento é o de orientar a ética para produção (*techne*) e perfeição (*energeia*) das normas, e não para ação (*práxis*) e perfeição (*energeia*) do sujeito, uma vez que "o finalismo da *práxis* é voltado para a *perfeição* do sujeito operante, o finalismo da *techne*, para a *perfeição* da obra a ser produzida"[21].

A ética, enquanto disposição inicial, é voltada para o aprimoramento do humano, não para o estabelecimento de padrões comportamentais impositivos e deterministas. Evidentemente, a realidade é um fator fundante da ética, mas precisa se fazer presente no diálogo mediante a compreensão do tempo presente, como se entende a *práxis*, orientando à perfeição, sendo, dessa forma, uma ação com fim em si mesma. Trata-se de "um movimento que se completa na *imanência* do sujeito que o causa, e nele realiza-se a perfeição (*energeia*) que o caracteriza como tal"[22]. Já a *techne* tem sua *perfeição* na exterioridade do produto, sendo, portanto, "um movimento *transiente*"[23]. Para Lima Vaz, o "enfraquecimento ou mesmo o desaparecimento dessa distinção na cultura contemporânea significa, finalmente, a perda da especificidade ética de nossas ações e a tirania do *produzir* nas relações humanas"[24]. A ética e, consequentemente, a bioética, deixam de ser orientadoras da *práxis* para se converterem em orientadoras da *techne*.

O que se percebe, num primeiro momento, é que a ética se dispõe, como uma *teoria da práxis*, que visa o conhecimento do Bem, a tornar bom o sujeito que a pratica[25]. Para Vaz, o que a ética se propôs ao longo dos séculos, desde o seu surgimento na Grécia antiga, foi estabelecer o seu *fim último*, o Bem supremo para então hierarquizar os bens, não o contrário. Ordenar essa *práxis* pelos bens e direcioná-la ao Bem supremo é o exercício próprio do *lógos*, da razão filosófica, como um saber autônomo, e a partir daí tem-se a ciência do *ethos*, a *primeira contraposição aos problemas da bioética*. O que se percebe, portanto, é que não há como propor uma ciência

---

20 BEAUCHAMP, T.; CHILDRESS, J., *Principles of biomedical ethics*, New York, Oxford University Press, 1979.
21 VAZ, H. C. de L., *Escritos de filosofia IV. Introdução à ética filosófica 1*, 69.
22 Ibid., 70.
23 Ibid.
24 Ibid.
25 Ibid.

do *ethos* sem a reflexão filosófica, principalmente pelo fato de fenômenos humanos não se apresentarem de forma regular e exata, como determina a razão científica. Pois,

> o caminho (*méthodos*) próprio da ética pressupõe, por um lado, que ela proceda como um saber de natureza *filosófica* e, de outro, que defina como seu *objeto formal* a *práxis ética* com suas características originais e irredutíveis a qualquer outro fenômeno da natureza[26].

A disposição fundamental em considerar a ética oriunda de uma matriz filosófica deve-se, primordialmente, ao fato de não se poder reduzi-la a mera condição empírica da formação dos grupos e instituições humanas, que acabam se convertendo em dispositivos de regulação dos preceitos morais, o que, de maneira direta, inviabiliza a *práxis ética* – "o agir humano em sua essencial destinação para a realização do *bem* ou do *melhor* na vida do indivíduo e da comunidade"[27]. É somente pelo saber prático, de natureza filosófica, que se constitui o caminho da ética. Além disso, é somente pela razão filosófica que a ética será capaz de alcançar seu predicado de *universalidade do bem*. Portanto, "a Ética nasce trazendo a marca dessa legítima filiação filosófica e seu destino estará irrevogavelmente ligado ao destino da Metafísica"[28]. Tal condição resta comprovada quando se toma a "crise do pensamento ético que acompanha o declínio da metafísica nos tempos pós-hegelianos"[29].

Lima Vaz ainda sustenta que a composição da ciência do *ethos* à luz da razão filosófica, por força de sua metodologia implícita, carece do auxílio de duas disciplinas filosóficas que possibilitam o estabelecimento dos fundamentos dessa ética: a antropologia filosófica e a metafísica. A primeira, responsável pela apresentação e concepção do *sujeito* ético, que dá razão ao seu *ser* e ao seu *agir*. Já a segunda assegura a base para a ética estabelecer seu objeto como *bem* e como *fim*[30]. Assim, a ética filosófica passa a ter como parâmetro de sua existência

---

[26] Ibid., 68.
[27] Ibid., 20.
[28] Ibid., 25.
[29] Ibid.
[30] Ibid., 64; 118.

uma concepção *antropológica* que dê razão das características originais do *agir ético*, sobretudo da correlação entre o *agir* e o *ser total do agente* em suas componentes estruturais – somáticas, psíquicas e espirituais – e em suas relações específicas com o mundo, a comunidade e a transcendência[31].

O que se percebe, dessa forma, é a estrita relação da antropologia filosófica, e suas categorias apresentadas anteriormente, com a ética, o que dá margem para "definir a realização humana numa perspectiva essencialmente ética, e mostrar na personalidade ética a mais elevada manifestação da pessoa"[32]. Eis a proposta de uma ética filosófica que direciona o homem para o conhecimento do *Bem* pela prática do *bem (virtude)*, como queriam os gregos.

A partir da ideia de *bem*, é possível apontar para uma resolução do segundo ponto dos problemas da bioética. Compreender a ética como um *bem* e como um *fim*, além de recolocá-la na contemporaneidade, possibilita a definição da função efetiva dessa mesma ética. Para tanto, será preciso retomar o contexto do seu surgimento na Grécia de Sócrates. O acontecimento histórico-filosófico que demarca tal feito é a célebre discussão entre Sócrates e os sofistas em busca do estabelecimento de uma proposição conceitual para "virtude" *(areté)* e "educação para a virtude" *(paideia)*. Como reflexo dessa contraposição, a ética platônica, articulada à teoria das Ideias, tem como característica uma posição normativa, que propõe à vida humana, individual e política, a orientação ao Bem alcançado pela razão. Por sua vez, Aristóteles, diferente de Platão, sustenta uma ética voltada para a pluralidade dos bens ofertados à *práxis*, em busca do bem viver *(eu zen)* na excelência *(eudaimonia)*[33].

A proposição do *bem* como *fim* da *práxis* humana tem como finalidade primeira solucionar o aspecto *epistemológico* do saber ético, seja no campo da natureza seja no da metafísica. Tal aspecto admite que "as coisas humanas *(ta anthropina)* não obedecem ao mesmo tipo de racionalidade que está presente na *physis* nem àquela que prevalece no domínio das realidades transcendentes *(ta meta ta physika)*"[34]. A segunda posição assumida

---
31 Ibid., 26.
32 Ibid., 27.
33 Ibid., 38; 119; 120.
34 Ibid., 20.

por Aristóteles quanto ao *bem* tem natureza *ontológica*. Diante da pluralidade dos *bens*, há a possibilidade de uma estrutura *teleológica* da prerrogativa de escolha (*proairesis*), que estabelece uma *hierarquia* entre os *bens*, donde se apoia a ordem dos *valores de vida*. Assim, Aristóteles admite, segundo Lima Vaz, a existência de um *Bem* supremo, alçado pelo reto uso da razão, como disposição universal[35] – *metafísica do Bem*. Dessa forma, "a ideia do Bem como fim absoluto e transcendente da vida humana torna-se, assim, o *Hápax* conceptual, o princípio absoluto ou 'anipotético' da ciência do *ethos*"[36]. Essa condição, assevera Lima Vaz, é o que impossibilita o relativismo ético, ou mesmo seu subjetivismo, convertido em mera disposição das vontades pessoais[37], e o normativismo simplista, que subverte a busca pelo *bem universal* em cumprimento de normas de conduta.

Entre o polo objetivo do Bem e o polo subjetivo da virtude, descreve-se a trajetória da *práxis* como ato do sujeito, que une a virtude (*hexis*) ao Bem (*ethos*). O problema do sujeito moral – ou da *práxis* ética enquanto ato humano por excelência, na sua natureza, na sua estrutura e nos seus condicionamentos – fecha o ciclo dos grandes problemas que delimitam o campo de racionalidade aberto pela penetração do *lógos* da ciência na esfera do *ethos*. A lei, o Bem, a virtude como perfeição do agir: esses os tópicos fundamentais em torno dos quais se constitui a nova ciência do *ethos*[38].

Compreendendo o agir ético como ato de perfeição, que possui a razão de ser em si mesmo, como demonstra Lima Vaz, ele se torna, dessa forma, o seu próprio fim. A repetição dos atos nos hábitos leva, assim, à perfeição do sujeito.

Não sendo, porém o sujeito, finito e condicionado, o *absoluto* do Bem ou não podendo reivindicar uma absoluta autonomia – nesse caso a noção de *hábito* perderia todo o seu sentido – é claro que o *fim imanente* do ato ou sua perfeição própria referem-se necessariamente à *norma* de um fim *transcendente* – ou de uma hie-

---

35 Ibid., 21.
36 VAZ, H. C. de L., *Escritos de Filosofia II. Ética e cultura*, 53.
37 Ibid.
38 Ibid., 58.

rarquia de fins, coroada por um Fim último – segundo a qual se mede a perfeição *imanente* do ato[39].

O ponto nevrálgico, que responde ao terceiro ponto dos problemas da bioética, está na realização da *práxis*, que se dá efetivamente na vida ética, em continuidade dos atos que se estruturam nos hábitos, segundo a distinção dos objetos. Assim, a ética se converte na "codificação racional de um *ethos* que se supõe vivido pela comunidade ou que esta se propõe viver"[40].

Dessa forma, a *práxis* humana, entendida como ação ética, torna-se a atualização imanente (*energeia*) de um processo estruturado em momentos específicos: "costume (*ethos*), ação (*práxis*), hábito (*ethos-hexis*), na medida em que o costume é a fonte das ações tidas como éticas e a repetição dessas ações acaba por plasmar os hábitos"[41]. Cumpre observar que a *práxis* se converte na mediadora entre os pontos fundamentais estruturantes do *ethos*, costume e hábito, formando, assim, o círculo dialético. A substituição da *práxis* pela *techne* rompe o círculo dialético, impedindo a ação ética do *ethos* como princípio objetivo e como fim do existir virtuoso; impossibilitando a existência da ética.

A proposta de criação de uma *Bioética Dialógica* parte da constatação, feita por Lima Vaz, de que o cerne da crise da modernidade, ou da civilização moderna, reside no fato de que esse modelo de civilização universal – ou cultura do universal – não foi capaz de apresentar um *ethos*, base para o estabelecimento da ética direcionada às práticas culturais e políticas dessa mesma modernidade. É preciso, portanto, retomar aspectos centrais, ou caros, à modernidade, que ainda se encontram obscurecidos pelas dúvidas, *aporias* não respondidas, ou mesmo solucionadas parcialmente pela *techne*. Assim, cabe à razão filosófica retomar o seu papel no tempo presente, para encontrar a verdade através do caminho (*méthodos*) de análise do *lógos*, com vistas a garantir a sobrevivência humana (*fim último*) a partir de uma *práxis* ordenada, pelo bem, ao absoluto – caminho que ora se apresenta neste trabalho.

Em suma, a *Bioética Dialógica* apresenta-se como a resposta ao quarto ponto dos problemas da bioética. Como o disposto na introdução, sua

---

[39] VAZ, H. C. de L., *Escritos de filosofia IV. Introdução à ética filosófica 1*, 73.
[40] VAZ, H. C. de L., *Escritos de filosofia III. Filosofia e cultura*, 125.
[41] VAZ, H. C. de L., *Escritos de filosofia II. Ética e cultura*, 15.

fundamentação se encontra num artigo de 1993, intitulado *O ser humano no universo e a dignidade da vida*[42], publicado nos *Cadernos de bioética* da Pontifícia Universidade Católica de Minas Gerais (PUC-Minas). Entretanto, a origem dessa reflexão data de um período anterior, por volta de 1987, conforme os manuscritos de Lima Vaz consultados *in loco* em seu memorial em Belo Horizonte. Especificamente, as disposições teóricas estão elencadas nas fichas 071-072, varia V e VI, páginas 46-50[43].

O ponto de partida para a compreensão da *Bioética Dialógica*, como resposta à superação da crise da modernidade e dos problemas da bioética, encontra-se, especificamente, na página 46 do manuscrito, referente à introdução do artigo, em que Lima Vaz apresenta seu itinerário bioético[44]. A *dialogia*, portanto, é a característica da bioética aqui defendida mediante as reflexões vazianas.

Em seu artigo, Lima Vaz orienta toda a reflexão bioética para a resposta a uma *aporia*: qual o lugar do homem no universo? Em linhas gerais, o objetivo é analisar o ser humano no contexto do universo. A resposta começa a ser construída a partir do entendimento de que há uma dignidade da vida humana que precisa ser alcançada e mantida, funcionando como finalidade última – a propositura de tal dignidade é a finalidade da bioética[45]. Para tanto, Lima Vaz apresenta uma ideia que conecta dois temas centrais, de níveis diferentes, mas correlacionados: 1) a antropologia, responsável por apresentar o lugar do homem no universo: "nesse nível situa-se o problema do lugar do homem no universo, que se coloca a propósito da questão sobre

---

[42] VAZ, H. C. de L., O ser humano no Universo e a dignidade da vida, 27-41.
[43] Cumpre ressaltar que a classificação aqui utilizada obedece à organização das obras de Lima Vaz em seu memorial, na biblioteca da Faculdade Jesuíta de Filosofia e Teologia (FAJE), conforme organização própria e contribuição de Rubens Sampaio, responsável pela digitalização de todo material.
[44] Trata-se de construir um caminho que articule a cultura humanista, própria de Lima Vaz e da bioética, com a cultura científica.
[45] A fim de evitar desentendimentos e limitações, Fermin Schramm estabelece que a bioética deve ser compreendida como a "ética da qualidade da vida" (concepção adotada pela maioria dos assim chamados bioeticistas laicos) ou a "ética da sacralidade da vida" (adotada prevalentemente pelos bioeticistas de inspiração religiosa, em particular, pelos bioeticistas católicos), em que se insere Lima Vaz. Sobre isso, Cf. SCHRAMM, F. R., A bioética, seu desenvolvimento e importância para as ciências da vida e da saúde, 609-615.

a *natureza* do homem e sua relação com os outros seres"⁴⁶. Com isso, Lima Vaz busca evitar o reducionismo antropológico, tal como demarca Leocir Pessini analisando essa mesma passagem de Lima Vaz:

> A opção de fundamentar o conceito de dignidade num enfoque relacional personalista desenha uma imagem mais abrangente do ser humano e evita o reducionismo antropológico que radicaliza e absolutiza a autonomia, tendo como consequência a negação de dimensão relacional (o outro) e a abertura para a solidariedade⁴⁷.

O segundo ponto, a ética, dispõe acerca da dignidade da vida e os aspectos centrais desse valor: "nesse nível coloca-se o problema da dignidade do homem, ou seja, daqueles predicados do homem que o tornam dotado de um valor próprio e o situam numa esfera *axiológica*"⁴⁸. Admitindo, portanto, que em Lima Vaz a antropologia lida com os aspectos do *Ser* e a ética com os do *Agir*, a dignidade da vida depende do modo como o humano *age* e significa o seu *ser*. Tanto o lugar do humano no universo, quanto a dignidade da vida, são pontos que fundamentam a bioética vaziana⁴⁹.

Essa consideração preliminar estabelece uma ligação direta entre a etimologia da palavra bioética, o pensamento de Lima Vaz, e seu campo de atuação e aplicação. "*Bios* = vida, a realidade natural do homem que define o seu lugar no universo. *Ethos* = costume ou hábito, a realidade moral do homem que é fundamento dos predicados que definem a sua dignidade"⁵⁰.

> O lugar do homem no Universo mostra-o como o único ser conhecido a poder refletir sobre a própria natureza (Antropologia), sobre a natureza do Universo (Física e Cosmologia), o que lhe dá a possibilidade de intervir ativamente nos processos naturais, conhecendo-os (Ciência) e modificando-os (Técnica)⁵¹.

---

46 Vaz, H. C. de L., O ser humano no Universo e a dignidade da vida, 27.
47 Pessini, L., Dignidade humana nos limites da vida. Reflexões éticas a partir do caso Terri Schiavo, *Rev. Científicas da América Latina y el Caribe, España y Portugal*, v. 13, n. 2 (2005) 65-76, aqui 67.
48 Vaz, H. C. de L., O ser humano no Universo e a dignidade da vida, 27.
49 Vaz, H. C. de L., *Fichas 071-072. Varia V e VI* e Id., O ser humano no Universo e a dignidade da vida, 27-28.
50 Ibid.
51 Ibid.

E ainda,

> A dignidade da vida (propriamente da vida humana e, por analogia, da vida em geral) decorre da sua consideração como um bem ou um valor, na medida em que, para o homem, ela não deve ser simplesmente vivida, mas orientada segundo as razões de viver[52].

Aqui se tem os dois aspectos fundamentais da bioética pelos escritos vazianos: ela é o caminho que auxilia o homem a definir seu lugar no universo, e, ao mesmo tempo, apresenta as bases para que esse caminho seja possível, deixando claro que a essência é o próprio humano, que ele é a sustentação de sua própria dignidade e possibilidade da dignidade da vida.

Tal concepção evidencia a presença da ética dos gregos no pensamento de Lima Vaz, principalmente por apresentar uma ideia que coloca a ética como a possibilidade de aprimoramento do homem, e não simplesmente como mera disposição normativa comportamental. Essa mesma ética está diretamente ligada ao ser do humano, inversamente proporcional à normatização: "dar um *sentido* à vida torna-se *normativo* para o homem"[53], donde claramente a vida "torna-se um valor *ético* (objetivamente), que vem a ser reconhecido como tal pela comunidade dos homens, e um valor *moral* (subjetivamente), devendo, pois, ser respeitado pelos membros da comunidade"[54].

A normatização se dá, dessa forma, não no comportamento ético, mas no comportamento moral que se direciona para a vida ética e a busca de sua dignidade. Para Lima Vaz, "é esse, em suma, o fundamento da Bioética"[55].

A justificativa para o surgimento de uma bioética a partir de Lima Vaz apoia-se, como o explicado anteriormente, no avanço contemporâneo da ciência e da técnica, que acabam por determinar, e definir, o contexto histórico-social atual, pois a "constatada caracterização de uma crise da racionalidade científica e uma crise da modernidade justificam amplamente a busca de outro tipo de abordagem e de contexto teórico referencial"[56].

---

52 Ibid., 28.
53 Ibid.
54 Ibid.
55 Ibid.
56 ROTANIA, A. A., *A celebração do temor. Biotecnologias, reprodução, ética e feminismo*, Rio de Janeiro, E-papers, 2001, 187.

Entretanto, apesar de considerar aspectos semelhantes aos defendidos por Potter, Lima Vaz vai além, propondo uma reflexão ética, inserindo a bioética num contexto diferenciado. Trata-se, em verdade, de buscar a ética como fundamentação dos atos humanos, que na lógica vaziana estão contidos nas três dimensões anteriormente tratadas: conhecer, agir e fazer. Especificamente, trata-se de apresentar de maneira prática os referenciais obrigatórios para o comportamento humano diante da natureza, da vida e do homem em si. Lima Vaz faz questão de ressaltar que a dimensão mais importante, porém, é a do conhecer, "pois toda ação moral e responsável do homem supõe o conhecimento prévio do seu objeto, do ato mesmo e dos seus efeitos e, quando possível, das circunstâncias"[57]. Com vistas a cumprir com essa ponderação, Lima Vaz divide o conhecimento ético em três partes, a saber:

Fisioética – ou ética do conhecimento da *natureza* (ciências físicas), na qual se formulam normas para o exercício do conhecimento *teórico* da natureza (por exemplo, respeito à verdade, veracidade etc.) e para sua aplicação *prática*, por exemplo, no que diz respeito à intervenção da técnica no ecossistema natural (dimensão ética da ecologia).

Bioética – ou ética do conhecimento da *vida* (ciências biológicas), na medida em que esse conhecimento possibilita uma intervenção nas estruturas e funções da vida, tendo em vista sobretudo o homem como ser vivo.

Antropoética – ou ética do conhecimento do homem, enquanto o homem se manifesta como *sujeito* consciente e responsável dos seus atos. É a ética do conhecimento das chamadas ciências humanas, particularmente importante na aplicação dos resultados dessas ciências à vida em sociedade (por exemplo, ética econômica, ética social, ética política, ética profissional)[58].

Lima Vaz apresenta, assim, os pontos de reflexão da ética, como aquela a que cabe conduzir o humano pelo caminho do autoconhecimento, garantindo a sua sobrevivência. Tal divisão da ética se justifica, como ressalta Alejandra Ana Rotania, pela

---

[57] VAZ, H. C. de L., O ser humano no Universo e a dignidade da vida, 28.
[58] Ibid., 28-29.

densidade dos problemas e o complexo e demorado processo de elaboração de respostas e resoluções que justificam a pertinência e a validade do aprofundamento das bases ontológicas e antropológicas para a discussão ética contemporânea[59].

A relação desse humano com a natureza, o primeiro aspecto a ser observado, busca apresentar as características próprias do humano que possibilitam a ele reconhecer seu lugar no universo. Já a vida, como segundo aspecto, traz à tona a condição de superioridade do humano como forma de vida, especificamente quando contraposta às demais espécies, às relações que daí derivam e à colocação da vida humana como produto, como material. Corresponde, em suma, ao estabelecimento do valor da vida. O terceiro, e último aspecto, o do conhecimento ético, aponta para a necessária ação de autoconhecimento do humano. Para tanto, esse mesmo humano se coloca como sujeito histórico e único capaz de definir seu lugar no universo, adaptando esse espaço às suas necessidades[60]. É aqui que nasce a *Bioética Dialógica*, isto é, na interdependência dos atos em relação à natureza (Fisioética), dos atos em relação à vida (Bioética) e dos atos em relação ao homem (Antropoética), com vistas a explicar o seu contexto no universo.

Na *Bioética Dialógica*, cada uma das três partes orientam o homem em um aspecto central de sua formação. A composição das dimensões apresenta, individualmente, três dimensões éticas: conhecer, agir e fazer. Assim, a antropoética mostra como conhecer, agir e fazer em relação ao homem, a bioética apresenta o conhecer, agir e fazer em relação à vida, e a fisioética mostra como conhecer, agir e fazer em relação à natureza. Cada uma das dimensões compõe aspectos que, juntos, formam a vida ética. A parte final da *Bioética Dialógica*, em suas propostas, consiste em demonstrar a sua finalidade que, a partir das reflexões de Lima Vaz, é também o fundamento da bioética: a dignidade da vida.

A dignidade da vida é, ao mesmo tempo, o ponto final e ponto inicial da construção da *Bioética Dialógica*, especialmente em se considerando o movimento dialógico. Entretanto, Lima Vaz faz questão de apresentar a pergunta motriz, que por consequência é o problema fundamental da bioética,

---

[59] ROTANIA, A. A., *A celebração do temor. Biotecnologias, reprodução, ética e feminismo*, 185.
[60] VAZ, H. C. de L., *O ser humano no Universo e a dignidade da vida*, 29.

que leva à essa conclusão: "qual o valor da vida e quais os critérios éticos para tratá-la segundo esse valor?"[61]. A resposta a essa pergunta segue dois caminhos distintos: 1) "a vida é um fenômeno aleatório, efêmero e excêntrico, uma singularidade, em suma, que será reabsorvida definitivamente pelo Universo dentro de uma escala de tempo"[62], sendo o homem um episódio menor nessa vida, ou 2) "a vida é uma chave hermenêutica essencial para interpretarmos a estrutura e o destino do Universo"[63], tendo o homem como seu significado. A primeira resposta é, mormente, a que seguem os inúmeros cientistas, e está especialmente aliada aos pessimistas adeptos do não-sentido universal. Já a segunda resposta apresenta, primeiro, uma visão do homem como forma suprema e inteligente de vida, admitindo um progresso quase infindável, fundada no valor e no respeito à vida, sendo possível, ademais, postular a dignidade e o valor da vida como desígnio do Criador, estando nele contidos os fins da vida (o que remete à ideia da ética de Kant)[64]. A passagem da consideração da vida de *fato* para *valor* é a proposta da dignidade da vida em Lima Vaz e fim da *Bioética Dialógica*.

Dignidade é um conceito ético, pertencendo mais propriamente à ética dos valores: o que é digno é o que é apreciado como tal. Há uma distinção entre *bem* e *valor*: o bem é uma realidade *objetiva*, independentemente de sua apreciação pelo sujeito. O *valor*, além do seu teor objetivo, normalmente suposto, tem uma dimensão *subjetiva*, ou seja, é o bem enquanto conhecido e apreciado pelo sujeito[65].

Propor a dignidade da vida como fim da *Bioética Dialógica* não significa admitir, como se percebe nos demais modelos bioéticos[66], a mera

---

61 Ibid.
62 Ibid., 31.
63 Ibid., 34.
64 Ibid., 41.
65 Ibid., 34.
66 "Nos Estados Unidos e, em geral, nos países de língua inglesa: aquela, majoritária, desenvolvida pelos pesquisadores do Kennedy Institute da Georgetown University, e conhecida como principialismo; a ética prática, de inspiração utilitarista, desenvolvida sobretudo por Peter Singer; a reatualização da tradicional casuística; e ética das virtudes; o libertarianismo; a ética dos cuidados; o comunitarismo, dentre outras correntes. Na Europa: o personalismo (sobretudo na

manutenção da dimensão ética no biológico. A dignidade está atrelada às dimensões específicas, novamente interdependentes[67]: a biológica, dada a raridade da vida no universo; a histórica, mediante a evolução da vida inteligente; a sociopolítica, a vida como direito dos cidadãos; e a ético-jurídica, a vida enquanto valor absoluto do ser moral[68]. São essas condições interdependentes, e suas características, que possibilitam a formação e a garantia da dignidade da vida, ao mesmo tempo que justificam sua posição como valor absoluto. Isso se evidencia pelo fato de que a

> dignidade não é apenas uma categoria antropológica, [ela] também expressa exigências éticas. Não se refere somente a uma natureza abstrata enquanto qualidade inerente ao ser humano, um a *priori* comum a todos, mas diz respeito a seres humanos históricos e concretos[69].

A postulação da dignidade da vida como valor absoluto obedece às características que a tornam singular. A primeira delas, como demonstrado, está ligada à condição biológica. Nessa dimensão, Lima Vaz evoca a raridade da vida no universo como um aspecto a ser considerado e, por isso, valorizado. O fenômeno vida não está associado aos aspectos simples e fáceis, mas a uma junção de condições e situações específicas que a tornam especial. Junte-se a isso o fato de que a vida humana, até então, apresenta-se como a única inteligente no contexto universal[70]. Assim, o ponto de vista biológico

> É o aspecto que compensa, sobretudo no nível da vida inteligente, a característica seletiva e excludente da vida, assinalada antes. Pensada macroevolutivamente, a vida desemboca na vida

---

área de língua francesa); a hermenêutica; a ética narrativa e a ética discursiva de língua alemã, dentre outras" (SCHRAMM, F. R., A bioética, seu desenvolvimento e importância para as ciências da vida e da saúde, 613).

[67] "Os pontos de vista sob os quais refletimos sobre a dignidade da vida – biológico, histórico, social, político, jurídico e moral – estão ligados entre si e são interdependentes, de modo que a consideração isolada de um só deles não é suficiente para fundamentar de maneira adequada a dignidade da vida" (VAZ, H. C. de L., O ser humano no Universo e a dignidade da vida, 37-38).

[68] Ibid., 35-37.

[69] PESSINI, L., Dignidade humana nos limites da vida. Reflexões éticas a partir do caso Terri Schiavo, 67-68.

[70] VAZ, H. C. de L., O ser humano no Universo e a dignidade da vida, 38.

inteligente e nesta evolução, tornada consciente, pode ser tomada como testemunha da dignidade da vida ou do seu valor[71].

A dimensão biológica, e seu valor, une-se à histórica com vistas a compor a dignidade como valor universal da *Bioética Dialógica*. Aqui, a complexidade da evolução da vida biológica passa a ser traduzida como condição histórica. O fundamento para a dignidade da vida passa a ser definido pela autonomia do humano em construir a sua história e direcionar o caminho pelo qual pretende seguir. É a condição de sujeito histórico, não de objeto histórico, que possibilita a reivindicação da dignidade da vida[72]. Assim,

> Frustrar o indivíduo ou grupo humano de desenvolver livremente e criativamente a sua própria história seria um atentado contra a sua dignidade. A vida é crescimento e plena realização das suas atividades. Isso vale particularmente quando se trata da vida consciente do homem[73].

Admitidas as dimensões biológica e histórica, surge obrigatoriamente a dimensão sociopolítica. O homem é o único ser capaz de se organizar de variadas formas e modos, estabelecendo valores, signos e símbolos e propondo uma forma de vida superior a todas as outras: a política. A partir da organização política da vida em sociedade é que se apresentam os direitos do homem, à luz do contrato, e nesses direitos se apoiam a dignidade da vida política, aliás "indissoluvelmente ligado ao conceito de vida política"[74]. Faz-se necessário ressaltar que

> A dignidade exige a satisfação razoável das necessidades da vida (conceito de nível digno de vida), passando pelo nível político em sentido estrito, em que a dignidade exige a igualdade perante a lei e a reciprocidade entre deveres e direitos (conceito de dignidade cívica), culminando no nível democrático (forma mais elevada de sociedade política), no qual a dignidade exige a participação do cidadão na vida política como compromisso ético (conceito de virtude cívica)[75].

---

[71] Ibid.
[72] Ibid.
[73] Ibid., 36.
[74] Ibid.
[75] Ibid.

O aparecimento da dignidade cívica e da virtude cívica promovem a eclosão da última dimensão: a ético-jurídica. É aqui que, para Lima Vaz, encontra-se o aspecto profundo da dignidade da vida, pois é "enquanto ser moral que o homem pode reivindicar para si um valor absoluto e, portanto, fundamentar definitivamente a sua dignidade"[76]. Isso é possível graças à condição do homem de conhecer o bem e o mal, de escolher entre um e outro a partir de sua consciência moral, o que o capacita. Para Lima Vaz, é desses aspectos que nasce a dignidade jurídica.

E é como ser moral que o homem pode instituir essa forma superior de vida, associada que é à comunidade humana (sobretudo quando se eleva o nível político) como consenso em torno de fins, aceitação de valores comuns, igualdade perante leis que, em princípio, são tidas como justas, responsabilidade comunitária ou social[77].

A partir da junção dessas dimensões é que se alcança a dignidade humana como valor absoluto. Os pontos refletidos "estão interligados entre si e são interdependentes, de modo que a consideração isolada de um só deles não é suficiente para fundamentar de maneira adequada a dignidade da vida"[78]. Assim, o caminho interdependente que a *Bioética Dialógica* apresenta tem na dignidade da vida o seu fim absoluto e, ao mesmo tempo, o início de suas ações. Portanto, só há dignidade da vida ético-jurídica através das dimensões sociopolítica, histórica e biológica. Em cada uma delas se apresentam características formadoras das demais: eis o *processo dialógico*. A *Bioética Dialógica* parte da dignidade para alcançar todos os aspectos anteriores, compositores da filosofia vaziana, com o intuito de superar a crise da modernidade, apresentando uma saída para a ética, resgatando a metafísica através da razão filosófica, compreendendo o tempo presente e determinando o ser do humano, *aporia* fundamental da filosofia. São essas as razões que agregam significado e qualidade à vida, ou, no caso de Lima Vaz, a sacralidade da vida.

---

[76] Ibid., 37.
[77] Ibid.
[78] Ibid., 37-38.

Como apontado por Schramm[79], a dignidade da vida como fim é apenas o começo do que se pretende para a bioética. O caminho (*méthodos*) pensado pela *Bioética Dialógica* baseada nas obras de Lima Vaz assume o importante papel de orientar o humano em prol de sua sobrevivência. É preciso partir da dignidade da vida e seguir pelas partes que a compõem para se resolver os problemas da bioética, e estabelecer um meio (*Bios-éthos*) para a solução da crise da modernidade, resgatando o humano no tempo presente.

8.1. A *Bioética Dialógica* e uma epistemologia da dignidade humana para a América Latina: a urgência do modelo Sul-Mundo

A propositura de um diálogo com a epistemologia da bioética latino-americana, mais do que justificar os objetivos do presente trabalho, quer demonstrar a necessária consideração da dignidade humana como ponto de encontro e fundamentação axiológica da bioética em si. Cumpre observar que essa mesma dignidade, ora defendida como um valor da bioética, nem sempre foi considerada como um princípio. Ressalta Aline Albuquerque que o dissenso acerca da incorporação da dignidade humana nas declarações internacionais, e mesmo o reconhecimento dessa como ponto fundante da bioética, é uma constante[80]. Monique Pyrrho, Gabriele Cornelli e Volnei Garrafa vão além, considerando que a dignidade humana

> se tornou um problema. Não apenas do ponto de vista prático, político e social, como um princípio para definir ou alcançar nas mais diferentes situações em que a humanidade encontra seus limites, mas especialmente na definição filosófica e bioética e na sua operacionalidade como conceito[81].

---

[79] SCHRAMM, F. R., A bioética, seu desenvolvimento e importância para as ciências da vida e da saúde, 609-615.
[80] Cf. OLIVEIRA, A. A. S. de, Interface entre bioética e direitos humanos. O conceito ontológico de dignidade humana e seus desdobramentos, *Revista Bioética*, v. 15, n. 2 (2007) 170-185.
[81] "[...] se ha convertido en un problema. No sólo desde el punto de vista práctico, político y social, como un principio para definir o para alcanzar en las más diferentes situaciones en que la humanidad encuentra sus límites, sino especialmente en la definición filosófica y bioética y en su operacionalidad como concepto", in: PYRRHO, M.; CORNELLI, G.; GARRAFA, V., Operacionalización del concepto, *Acta Bioethica*, v. 15, n. 1 (2009) 65-69, aquí 66.

Ressalte-se aqui a complexidade do debate acerca da dignidade humana, além de sua aplicação prática no campo da bioética. O que se evidencia quando em alguns momentos da história da bioética – e mesmo da vida humana –, cogitou-se a suspenção do uso e da garantia da autonomia como um princípio, dada a sua vagueza[82].

Em contraste às posições assumidas por alguns especialistas, especialmente norte-americanos[83], a bioética acaba, por força de sua condição histórica, assumindo uma estreita relação com a dignidade humana. Em muitos momentos da existência humana, tanto a bioética quanto a dignidade humana apresentaram-se como meios para a garantia de determinados valores e a preservação da vida. A comprovação dessa realidade se dá mediante a análise de documentos, tais como: a *Convenção de Oviedo*, a *Declaração Universal sobre o Genoma Humano* e a *Declaração Universal sobre Bioética e Direitos Humanos*[84]. Evidentemente, tais considerações não são suficientes para determinar a dignidade como um princípio. Não é raro encontrar contextos sociais e normativos em que a dignidade humana acaba sendo não observada, especialmente por força dos discursos genéricos. De maneira direta, nesses casos, há carência de especificação teórica, definição conceitual, ou mesmo pela diversidade de aplicações práticas para essa mesma dignidade[85].

Ao longo da história, a dignidade acabou sendo trabalhada por inúmeros pensadores e pensadoras, que buscaram, a seu modo, imprimir conceitos aplicáveis às mais diversas realidades. Por um lado, há a disposição assumida por Roberto Andorno[86], que propõe a consideração da dignidade humana em dois sentidos: dignidade ontológica e dignidade ética.

A primeira, uma consideração própria da pessoa humana, distinguível dos demais seres: "Esta noção nos remete à ideia de incomunicabilidade, de unicidade, de impossibilidade de reduzir o homem a um simples número"[87]. A segunda, a dignidade humana ética, diz respeito à ação da pessoa. Trata-se de uma dignidade aferível a partir do "comportamento humano, quando

---

[82] Cf. OLIVEIRA, A. A. S. de, Interface entre bioética e direitos humanos.
[83] Ibid.
[84] Ibid.
[85] PYRRHO, M.; CORNELLI, G.; GARRAFA, V., Operacionalización del concepto, 67.
[86] Cf. ANDORNO, R., *Bioética y dignidad de la persona*, Espanha, Tecnos, 1998.
[87] OLIVEIRA, A. A. S. de, Interface entre bioética e direitos humanos, 174.

dirigido àquilo que se entende como bem, estando relacionada ao reconhecimento de que alguém agiu dignamente"[88].

Tomando os dois modelos apresentados, é preciso considerar que a proposição de uma dignidade humana ontológica traz à tona o valor como condição própria de cada pessoa. Partindo dessa concepção, não há como medir a dignidade, dimensioná-la, pois

> a dignidade humana ontológica independe da presença de intersubjetividade, dispensa a pluralidade humana e deve permanecer válida mesmo que o ser humano seja expulso da comunidade humana[89].

Entretanto, tal concepção não permanece única no contexto do debate acerca da aproximação entre bioética e dignidade humana.

Vertendo a atenção para o contexto histórico, é possível encontrar referências à dignidade na concepção cristã, em que ela era conferida pela filiação divina – o homem é a imagem de Deus. Uma outra possibilidade é a disposição teórica defendida por Pico della Mirandola, que propunha uma analogia entre a dignidade e a liberdade da pessoa, culminando com a autonomia do sujeito. Immanuel Kant propõe uma dignidade humana associada à capacidade racional que orienta a ação do humano, tendo como referência os imperativos morais. Após Kant, John Stuart Mill e Jeremy Bentham defendem a propositura da dignidade humana como estado psicológico, ao passo que Nietzsche a refuta[90].

Na esteira da busca por uma definição da noção de dignidade humana e, de maneira direta, buscando-se estabelecer a relação dessa com a bioética, é necessário citar o trabalho de Ruth Macklin[91]. Em seu editorial, Ruth Macklin sustenta que o modo como a dignidade humana é utilizada pela bioética centra-se simplesmente na capacidade de pensar e agir racionalmente. A aplicação prática desse conceito, resume-se, para ela, na obtenção do consentimento informado, na proteção da confidencialidade, em se

---

[88] Ibid.
[89] Ibid.
[90] ALBUQUERQUE, A., Dignidade humana. Proposta de uma abordagem bioética baseada em princípios, *Revista de Direitos e Garantias Fundamentais*, v. 18, n. 3 (2017) 111-138, aqui 118.
[91] MACKLIN, R. Dignity is a useless concept, *BMJ*, v. 327, n. 7429 (2003), 1419-1420.

evitar a discriminação e o abuso de pacientes. Ao se propor tais ações, Ruth Macklin observa que essa argumentação pertence ao princípio da autonomia, e que em nada se assemelha à dignidade humana, ou mesmo que se possa propor uma analogia entre autonomia e dignidade[92]. O texto de Ruth Macklin provocou a reação de inúmeros bioeticistas, que se propuseram a responder, teoricamente, às provocações. A partir daí, como observa Aline Albuquerque, surgirão nove vertentes bioéticas que tratam da dignidade humana, partindo das propostas de seus idealizadores: David Feldman; Doris Schroeder; Suzy Killmister; Andrew Clapham; Nick Bostrom; Luke Gormally e Mette Lebech; Leon Kass, Deryck Beyleveld e Roger Brownsword; e Ronald Dworkin[93]. Todas elas apresentam aspectos conceituais e bases específicas de constituição, bem como arregimentam disposições práticas. Essa disposição conceitual variada acaba por lançar a dignidade humana numa "imprecisão teórica [que] dificulta seu emprego enquanto enunciado teórico operativo para a análise e proposições de solução de questões bioéticas"[94].

A dificuldade para estabelecer um marco teórico para a dignidade humana, bem como para apontar a real necessidade dessa para a bioética, esbarra na vida humana e no estabelecimento de sua importância e singularidade. De forma prática, as disposições normativas acerca da bioética, especialmente a documental, apontam para a definição da dignidade humana como um valor. Entretanto, como ressalta Aline Albuquerque,

> afirmar, por si só, que todas as pessoas humanas possuem valor não acarreta comandos de ação, pois o valor não é um conceito deontológico – conceito de dever, de proibição ou de permissão –, mas sim um conceito axiológico, empregado para qualificar o *status* moral diferenciado dos seres humanos, revelando-se um conceito valorativo comparativo[95].

A pesquisadora sustenta que a concepção de dignidade humana carece, necessariamente, de princípios que possibilitem o dever-ser, pois a

---
[92] Ibid.
[93] ALBUQUERQUE, A., Dignidade humana. Proposta de uma abordagem bioética baseada em princípios, 119-120.
[94] Ibid., 120.
[95] Ibid., 122.

dignidade enquanto valor não é capaz de apontar tal caminho. Cumpre observar que tais princípios derivados da dignidade humana podem ser perfeitamente aplicados à bioética. Associados aos direitos humanos, os princípios bioéticos "podem ser instrumentais aplicados conjuntamente com a dignidade humana em assuntos bioéticos"[96]. A partir da necessidade do estabelecimento de princípios para a dignidade humana, o modelo adotado por Aline Albuquerque aponta algumas possibilidades, postulando a existência de três princípios: "princípio do respeito à pessoa; princípio da não-instrumentalização; e princípio da vedação do tratamento humilhante, degradante ou desumano"[97]. Assim, o que se tem a partir dessa ótica é a apresentação de modelos normativos que apontam e determinam comportamentos. Dessa forma, o modelo que se converte em possível, segundo Aline Albuquerque, é o defendido por Andorno: uma concepção da dignidade humana ontológica, ou mesmo intrínseca à condição humana. Na prática, isso significa definir a dignidade humana como "o valor que possui todo ser humano, em virtude de sua mera condição humana, sem a exigência de nenhuma qualidade adicional"[98].

Nesse alinhamento teórico latino-americano, o modelo que defendemos, da propositura de uma *Bioética Dialógica*, cumpre com as necessidades apresentadas no que tange à definição da dignidade humana. Entretanto, convém destacar algumas divergências teórico-conceituais dos modelos apresentados, especialmente o defendido por Aline Albuquerque.

Num primeiro momento, assim como propõem Andorno e Aline Albuquerque, a dignidade humana ontológica é uma concepção que caminha ao encontro da de Lima Vaz. Porém, em Lima Vaz, a dignidade humana é um valor inerente, e derivado, da dignidade da vida. É a necessária consideração da vida como um valor – e não um fato – pois, como visto, dignidade é um conceito ético; e se a ética é uma proposta de aprimoramento do ser, por meio da razão metafísica que alcança a liberdade, logo a dignidade é condição existencial. Aqui, nossa reflexão diverge da de Aline Albuquerque. Não se trata de afirmar que as pessoas possuem valor, ou mesmo que valor é um conceito deontológico, mas sim que a vida é um valor

---
[96] Ibid., 123.
[97] Ibid., 125.
[98] ANDORNO, R., *Bioética y dignidad de la persona*, 73.

que possibilita a dignidade humana, dignidade humana que se converte num princípio e, ao mesmo tempo, na finalidade da vida, possibilitando a existência da pessoa humana.

Uma segunda, e necessária, observação reside no fato de que o valor não pode ser considerado um "conceito axiológico". O valor é um bem, enquanto conhecido e apreciado pelo sujeito. "Todo valor é um bem, mas nem todo bem é valor"[99]. A dignidade humana é que se apresenta como um juízo axiológico, em contextos culturais e éticos, onde a vida é admitida como um bem. A dignidade da vida, portanto, é "uma conquista histórica de algumas civilizações como a nossa, e não se impõe com a mesma evidência com que se impõe a nós, a outras tradições culturais, nem mesmo à nossa tradição no passado"[100]. Cumpre observar que a vida só é um valor quando se participa diretamente dela, ou quando ela "se manifesta no homem como em sua realização mais elevada"[101].

Estabelecer a dignidade humana como um juízo axiológico a partir da dignidade da vida supõe considerar alguns aspectos, que se convertem em princípios: 1) a singularidade biológica da vida (raridade da vida inteligente no universo); 2) a evolução histórica da vida (o humano como ser histórico); 3) a vida em seu desenvolvimento sócio-político (a formação da sociedade política humana e os direitos humanos); e 4) a vida e os aspectos ético-jurídicos (o homem como ser moral aprimorado pela ética, que garante para si um valor absoluto). Assim, é preciso que cada um dos quatro princípios, que funcionam como o caminho para a dignidade humana, seja garantido a toda pessoa humana.

A realização pessoal só será alcançada quando as sociedades passarem a respeitar o valor absoluto do ser humano, garantindo-lhe os direitos fundamentais, a participação ativa na vida política, que possibilitam a determinação livre e a construção autônoma de sua própria história. Essa realidade enfatiza a singularidade e o valor necessário da vida como um precioso bem do humano. Uma dignidade ontológica, portanto.

---

[99] VAZ, H. C. de L., O ser humano no Universo e a dignidade da vida, 34.
[100] Ibid., 36.
[101] Ibid.

Conclusão

O caminho da bioética como disciplina autônoma não está, nem estará, pronto ou definido. Nos dizeres de Volnei Garrafa, ela é "um veleiro em alto mar", que navega para onde quer que haja necessidade. Essa analogia apresenta a característica adaptável – e consciente – da bioética aos contextos nos quais está inserida, dependente das análises teóricas desses mesmos contextos. Essa pluralidade peculiar faz com que a bioética não seja um modelo científico fechado em si mesmo, mas um sistema aberto às contribuições de pensadores de áreas as mais diversas. Tal condição se aproxima da proposta de uma *Bioética Dialógica* fundada nas considerações de Lima Vaz, para as quais a formação da bioética depende da consideração da multiplicidade dos diálogos culturais, com conceitos próprios, tendo o *lógos* filosófico como caminho (*méthodos*).

Uma segunda consideração a ser feita acerca da pluralidade e multiplicidade da *Bioética Dialógica* diz respeito à construção dos fundamentos teóricos e das ações às quais se propõe. Nesse caso, há o entendimento de que toda proposta teórica, bem como o estabelecimento de práticas oriundas dessas teorias, depende dos aspectos oriundos da situação-problema e da realidade na qual ela se apresenta. É por esse motivo que a dialética se converte no sistema no qual se apresenta o método dialógico.

A proposta que aqui apresentamos versou sobre a necessidade de se construir um modelo bioético, estritamente latino-americano, que contribuísse com o contexto bioético atual. Com base nesse objetivo, outros se apresentaram, levando as análises para a geração de um modelo próprio de bioética, que ousa se colocar como um caminho universal para a bioética. Não que haja imposições teóricas, normativas, ou epistemológicas, numa espécie de colonialidade, mas o ideal foi estabelecer uma bioética que pudesse se recolocar no tempo presente e no enfrentamento das realidades e dos problemas daí derivados. Esse caminho escolhido passa obrigatoriamente, e por conta da força que carrega, pela filosofia, pela metafísica, pela dialética e pela dialógica.

Com o intuito de fundamentar os pontos teóricos ora apresentados, buscou-se construir um caminho que apresentasse, primeiro, o filósofo no qual se assentam os fundamentos epistemológicos da Bioética Dialógica. Para tanto, dispomos de uma breve biografia de Henrique Cláudio de Lima Vaz, que tem o objetivo não só de cumprir com a função preponderante de expor suas origens, inclusive filosóficas, mas também de demonstrar sua cronologia bibliográfica, que se confunde com sua vida. Marcado pela influência dos gregos clássicos, especialmente Platão e Aristóteles, dos cristãos, Santo Agostinho e Santo Tomás de Aquino, da filosofia hegeliana, e, por fim, de Teilhard de Chardin – no qual se apoia para reler a dialética tomista –, Lima Vaz produziu uma coletânea filosófica, além de inúmeros artigos, que buscam aprofundar a questão do humano no universo, sua relação com o divino, bem como dispor caminhos filosóficos para a solução dos problemas ligados à sobrevivência humana. O principal caminho adotado por Lima Vaz sempre foi o da dialética, pois acreditava que ela era a única forma de se solucionar um problema (*aporia*).

A partir da dialética, Lima Vaz estabeleceu uma leitura cronológica do tempo, numa espécie de temporalidade, a análise fundamental do passado e do presente, com vistas a modificar um futuro. Partindo das transformações intelectuais do Ocidente, Lima Vaz construiu uma análise do humano, bem como os feitos e acontecimentos desse humano que o possibilitassem compreender os motivos que levam ao que ele chamou de *crise da modernidade*. Os impactos da formação da razão moderna, em contraposição à razão e à metafísica gregas, serão pontos nevrálgicos debatidos por Lima Vaz, que parte da compreensão histórica e cultural da *práxis* humana. A negação do absoluto metafísico, como *lógos* criador do universo, força o homem a rever seu papel no contexto desse mesmo universo, modificando o princípio sacral da natureza. Essa transformação resulta no que Lima Vaz chamou de nascimento do mundo científico-técnico. O grande problema surgido da transformação científico-tecnológica é que todo o campo relativo ao humano, ou por ele coordenado, acaba se modificando, e, como consequência, perdendo seus referenciais, entre eles a ética, a política, a arte e a religião.

Os efeitos da negação da metafísica e da razão absoluta, bem como a rejeição à Filosofia, como aquela a quem cabe interpretar a cultura e o tempo humanos, que transformam todo o sistema simbólico da sociedade, levam à perda da compreensão do tempo presente e à perda da capacidade de interpretação desse mesmo tempo. Como consequência, o domínio do tempo também se perde, colocando o humano num vácuo existencial, moral, ético, político, religioso e temporal em que tudo é insuficiente e anacrônico, devendo ser substituídos permanentemente, sob a desculpa da adaptação.

O resultado crônico daí resultante é a perda direta da consciência e da indagação, o que impede o encontro do sentido do ser e a busca da verdade. Assim, a razão moderna abre espaço no contexto histórico-cultural apropriando-se do ser humano, objetificando a ele e a suas ações. É nessa *crise da modernidade*, promovida pelo seu *enigma*, na perda da compreensão do tempo presente, que reside o eclodir do niilismo ético e metafísico tão criticado por Lima Vaz e prática recorrente da modernidade.

O caminho para a recolocação do humano no tempo, bem como o reencontrar consigo e com sua essência, passa pelo resgate da metafísica e da filosofia. Nesse sentido, ele postula esse resgate pelas dimensões fundamentais do humano: o conhecer (filosofia), o ser (antropologia filosófica) e o agir (ética), nas quais se assentarão as suas obras. Essa realidade dialética é a responsável por responder aos questionamentos e desafios apresentados pela modernidade através do procedimento dialógico: considerar as características formadoras de cada um dos discursos específicos, na elaboração de um ponto fundamental, finalidade última. Em síntese, o que Lima Vaz propõe é o encontro de uma ideia, mediante um caminho (*méthodos*) orientado pelo *lógos*, que busque explicar o humano na modernidade, solucionando sua crise e possibilitando sua sobrevivência.

O estabelecimento de uma ideia comum, ou absoluta, como resultado de toda a busca e orientação desse humano, em Lima Vaz e na *Bioética Dialógica*, resume-se à dignidade humana. A construção desse modelo bioético está associada ao desejo de apresentar uma contribuição à bioética latino-americana a partir de um filósofo brasileiro e ao de responder às limitações que a bioética global tem enfrentado desde seu surgimento. Esse caminho de Lima Vaz e da *Bioética Dialógica* passa por quatro pontos específicos: 1) a substituição da razão científica pela filosófica, como base da bioética, 2) a compreensão da ética como *bem* e *fim*, 3) a definição da ética como *práxis* humana ordenada ao *Bem*, 4) a proposição de uma *Bioética Dialógica* como modelo para o tempo presente. De forma direta, a *Bioética Dialógica* apresenta seu caminho pelo estabelecimento da finalidade da bioética, que, para Lima Vaz, é a busca da dignidade humana mediante a definição da natureza do humano pela antropologia e pela disposição axiológica, realizada pela ética, que fundamentam os aspectos do *Ser* e do *Agir*, respectivamente. A dimensão ética, por sua vez, subdivide-se em três dimensões: a fisioética, a ética do conhecimento da natureza, a bioética, a ética do conhecimento da vida, e a Antropoética, a ética do conhecimento do homem. Ao seguir por esse caminho, o humano consegue encontrar o autoconhecimento, que garante a sua sobrevivência. É aqui que nasce a *Bioética Dialógica*, na interdependência dos atos em relação à natureza (Fisioética), dos atos em relação à vida (Bioética) e dos atos em relação ao homem (Antropoética), com vistas a explicar o seu contexto no universo. Assim, a dignidade humana passa a ser considerada não um fato, mas um valor apreciado pelo homem, por conter em si aspectos biológicos (a raridade da vida no universo), históricos (evolução da vida inteligente), sócio-políticos (a vida como direito dos cidadãos) e ético-jurídicos (a vida enquanto valor absoluto do ser moral). Eis o caminho da *Bioética Dialógica* em Lima Vaz: o valor absoluto da dignidade humana como fundamento do próprio humano, resposta à *crise da modernidade*, resgate da filosofia e recolocação da metafísica no tempo presente.

O que se observa a partir dessa reflexão é um movimento permanente na cultura contemporânea, especialmente ocidental, herdado da influência histórica, da primazia dos problemas de *forma* sobre os problemas de *conteúdo*, oriundos da Idade Média, como demonstrou Lima Vaz. Isso quer dizer que a disposição bioética presente não se torna eficiente pelo fato de que ela é lançada, permanentemente, no campo da metaética, fora do real, quando deveria ser inserida na realidade e voltada para a realidade. Tal condição faz com que a ética acabe sendo instrumentalizada de acordo com interesses específicos, e aplicada em contextos determinados, subjetivos, manipulados, alheios ao real, abandonando o *conteúdo* e focando na *forma*. Assim, a ética, enquanto ciência do *ethos*, acaba transformada em direcionadora da *techne*, perdendo sua função e seu foco. Os modelos éticos, dessa forma, acabam funcionando como dispositivos morais, nos quais a bioética acaba relegada à mera prática normativa, a princípios meramente deterministas e não plurais visando apontar a linha de ação da *techne*, mas não uma disposição para orientar o comportamento humano e o seu aprimoramento.

Esse movimento de substituição do *conteúdo* pela *forma* faz com que eclodam duas consequências comportamentais que ajudam a explicar a conjuntura atual. A primeira delas é chamada de *inconsciência*, que nada mais é do que a proposição de ações e de práticas não refletidas, ou baseadas meramente em interesses subjetivos, que promovem o surgimento de um individualismo egoico. Derivada da inconsciência, e por conta de seu movimento, surge a segunda consequência: a *desrealização*, efeito que promove a perda da noção, do senso, do real, voltando as práticas à manutenção do *ego*, excludentes do *alter* e do *holos*.

Em suma, tanto a *inconsciência* quanto a *desrealização* são as responsáveis diretas pela manutenção da *crise da modernidade*, que culmina com o *niilismo*, o que impacta a possibilidade da sobrevivência e subsistência humana, num contexto de igualdade, respeito, liberdade, justiça, autonomia, dignidade.

O caminho para a transformação dessa realidade, ou mesmo da realidade humana, passa pela recolocação – ou rememoração, para se utilizar uma expressão de Lima Vaz – da vida como um bem. Ao se propor tal caminho, a *Bioética Dialógica* aponta para a necessária recolocação da vida como um valor, que passa a ser significado pela dignidade humana. A dignidade humana, entendida como um juízo axiológico, a partir de seus quatro princípios (biológico, histórico, sociopolítico e ético-jurídico), possibilita a garantia efetiva e o reconhecimento da pessoa humana. Cumpre observar que cada um dos princípios está inter-relacionado e são interdependentes – como propõe a dialógica –, o que impede a garantia de apenas um, ou alguns, para se falar em dignidade humana.

A *Bioética Dialógica* figura, dessa forma, como uma disposição do conhecimento ético, uma das dimensões próprias da formação humana e a solução dos problemas da bioética. Sendo a ética a condição necessária para o estabelecimento da razão humana no tempo presente, o resgate da metafísica, enquanto metafísica ontológica, recolocará e reorientará o ser humano à sua *práxis*. A recolocação da razão filosófica, como a única capaz de solucionar as aporias contemporâneas, é o caminho necessário para a ressignificação da vida, resolução do *enigma da modernidade* e extinção da crise que daí resulta. Cumpre ressaltar que as análises e discussões, especialmente acerca da aplicação da *Bioética Dialógica*, ainda carecem de aprofundamento, o que será feito posteriormente, em uma obra futura.

Referências

ALBUQUERQUE, A. Dignidade humana. Proposta de uma abordagem bioética baseada em princípios. *Revista de Direitos e Garantias Fundamentais*, v. 18, n. 3 (2017) 111-138.

ALMEIDA, S. S. de; LORENZO, C. F. G. A cooperação Sul-Sul em saúde, segundo organismos internacionais, sob a perspectiva da bioética crítica. *Revista Saúde e Debate*, v. 40, n. 109 (2016) 175-186.

ANDORNO, R. *Bioética y dignidad de la persona.* Espanha: Tecnos, 1998.

AQUINO, M. F. Vaz. Intérprete de uma civilização arreligiosa. *IHU On-line Jesuítas*, v. 1, n. 186 (2006) 34-43.

BARRETO, C. E. de M. As descobertas da medicina no século XX. *Comunicação & Inovação*, v. 15, n. 28 (2004) 187-190.

BEAUCHAMP, T.; CHILDRESS, J. *Principles of biomedical ethics.* New York: Oxford University Press, 1979.

CLOTET, J. Bioética como ética aplicada e genética. *Revista Bioética*, v. 5, n. 2 (1997) 1-9.

CRUS, M. R.; OLIVEIRA, S. de L. T.; PORTILLO, J. A. C. A Declaração Universal sobre Bioética e Direitos Humanos. Contribuições ao Estado brasileiro. *Revista Bioética*, v. 18, n. 1 (2010) 93-107.

DESCARTES, R. *Regulae ad directionem ingenii. Cogitationes privatae.* Hamburg: Felix Meiner Verlag, 2011.

DRAWIN, C. R. Padre Henrique Vaz. Um mestre incomparável. In: MAC DOWELL, J. A. (org.), *Saber filosófico, história e transcendência.* São Paulo: Loyola, 2002.

FESTUGIÈRE, A.-J. *Contemplation et vie contemplative selon Platon*. Paris: Vrin, 1936.

GARRAFA, V. De uma bioética de princípios a uma bioética interventiva, crítica e socialmente comprometida. *Revista Bioética*, v. 13, n. 1 (2005) 125-134.

____. Bioética. In: GIOVANELLA, L. et al. (org.). *Políticas e sistema de saúde no Brasil*. Rio de Janeiro: Fiocruz, ²2012.

GARRAFA, V.; LORENZO, C. Imperialismo moral e ensaios clínicos multicêntricos em países periféricos. *Cadernos de Saúde Pública*, v. 24, n. 10 (2008) 2219-2226.

GONÇALVES, A.; HERÊNCIA, J. L.; REPA, L. S. Filosofia e forma da ação. *Cadernos de Filosofia Alemã*, v. 2, n. 1 (1997) 77-102.

GUERRIERO, S. Caminhos e descaminhos da contracultura no Brasil. O caso do movimento Hare Krishna. *Revista Nures*, v. 1, n. 12 (2009) 1-9.

GUIMARÃES, F. F. F. Traços da contracultura na cultura brasileira da década de 1960: um estudo comparado entre movimentos contraculturais nos Estados Unidos e no Brasil. *Anais do XXIII Encontro Regional da Associação Nacional de História*. Mariana: ANPUHMG, 2012, 1-18.

HEIDEGGER, M. *Carta sobre o humanismo*. São Paulo: Centauro, ²2005.

HOTTOIS, G. *Qu'est-ce que la bioéthique?* Paris: Vrin, 2004.

LIBÂNIO, J. B. Lições do mestre. In: MAC DOWELL, J. A. (org.), *Saber filosófico, história e transcendência*. São Paulo: Loyola, 2002.

LIPOVETSKY, G.; SÉBASTIEN, C. *Os tempos hipermodernos*. São Paulo: Barcarolla, ⁴2004.

LORENZEN, P.; LORENZ, K. *Dialogische logik*. Darmstadt: Wissenschaftliche Buchgesellschaft, 1978.

MAC DOWELL, J. A. História e transcendência no pensamento de Henrique Vaz. In: PERINE, M. (Org.). *Diálogos com a cultura contemporânea. Homenagem ao Pe. Henrique C. de Lima Vaz, SJ*. São Paulo: Loyola, 2003.

MACKLIN, R. Dignity is a useless concept. *BMJ*, v. 327, n. 7429 (2003) 1419-1420.

MILBANK, J. *Theology and social theory. Beyond secular reason*. Oxford: Blackwell, 1990.

MONDONI, D. In Memorian. P. Henrique Cláudio de Lima Vaz. *Síntese*, v. 29, n. 94 (2002) 149-156.

NOBRE, M.; REGO, J. M. *Conversas com filósofos brasileiros*. São Paulo: 34, 2000.

OLIVEIRA, A. A. S. de. Interface entre bioética e direitos humanos. O conceito ontológico de dignidade humana e seus desdobramentos. *Revista Bioética*, v. 15, n. 2 (2007) 170-185.

OLIVEIRA, C. M. R. *Metafísica e ética. A filosofia da pessoa em Lima Vaz como resposta ao niilismo contemporâneo.* São Paulo: Loyola, 2013.

____. Metafísica e liberdade no pensamento de H. C. de Lima Vaz. *Sapere Aude*, v. 5, n. 10 (2014) 123-138.

PAES, M. H. S. *A década de 60: rebeldia, contestação e repressão política.* São Paulo: Ática, ⁴1997.

PERINE, M. Niilismo ético e filosofia. In: ____ (org.). *Diálogos com a cultura contemporânea. Homenagem ao Pe. Henrique C. de Lima Vaz, SJ.* São Paulo: Loyola, 2003.

____. Violência e niilismo: o segredo e a tarefa da filosofia. *Kriterion*, Belo Horizonte, n. 106 (dez. 2002) 109. Disponível em: <https://www.scielo.br/j/kr/a/cWw5BHSFTxNqM6PLyJ3FM3N/?format=pdf&lang=pt>. Acesso em: 10 ago. 2023.

PESSINI, L. Dignidade humana nos limites da vida. Reflexões éticas a partir do caso Terri Schiavo. *Rev. Científicas da América Latina y el Caribe, España y Portugal*, v. 13, n. 2 (2005) 65-76.

PINHO, A. de. O Concílio Vaticano II e a Modernidade. *Humanística e Teologia*, v. 34, n. 1 (2013) 133-142.

POTTER, V. R. Bioethics, the Science of Survival. *Perspectives Biol Med*, v. 14, n. 1 (1970) 127-153.

____. *Bioethics. Bridge to the future.* Englewood Cliffs: Prentice Hall, 1971.

____. *Global Bioethics. Building on the Leopold Legacy.* East Lansing: Michigan State University Press, 1988.

PYRRHO, M.; CORNELLI, G.; GARRAFA, V. Operacionalización del concepto. *Acta Bioethica*, v. 15, n. 1 (2009) 65-69.

RANGEL, P. *Padre Vaz. Um peregrino do Absoluto.* Disponível em: <https://www.pucsp.br/fecultura/textos/fe_razao/20_padre_vaz.html>. Acesso em: 11 jan. 2019.

ROBINET, J.-F. *Les temps de la pensée.* Paris: PUF, 1998.

RODRÍGUEZ, R. V. *Quem tem medo da filosofia brasileira?* Disponível em: <www.caer.org.br/downloads/Artigos/A00049.pdf>. Acesso em: 07 ago. 2023.

ROTANIA, A. A. *A celebração do temor. Biotecnologias, reprodução, ética e feminismo.* Rio de Janeiro: E-papers, 2001.

SAMPAIO, R. G. *Metafísica e modernidade: método e estrutura, temas e sistema em Henrique Cláudio de Lima Vaz.* São Paulo: Loyola, 2006.

SANTOS, J. H. Padre Vaz, filósofo de um mundo em busca de sentido. *Boletim Informativo da UFMG*, 13 jun. 2002.

SCHRAMM, F. R. A bioética, seu desenvolvimento e importância para as ciências da vida e da saúde. *Revista Brasileira de Cancerologia*, v. 48, n. 4 (2002) 609-615.

____. Uma breve genealogia da bioética em companhia de Van Rensselaer Potter. *Bioethikos*, v. 5, n. 3 (2011) 302-308.

TAVOLA, A. da. Pronunciamento de Artur da Tavola. *Atas do Senado Federal*, 29 mai. 2002.

UNESCO. *Declaração Universal sobre Bioética e Direitos Humanos*. Paris: UNESCO, 2005.

VAZ, H. C. de L. Existencialismo. *Verbum*, v. 5, n. 1 (1948) 55-65.

____. Marxismo e filosofia. *Síntese Política Econômica Social*, v. 1 n. 2 (1959) 46-64.

____. Cristianismo e consciência histórica. *Síntese Política Econômica Social*, v. 2, n. 8 (1960) 15-69.

____. *Autobiografia*. Disponível em: <http://www.padrevaz.com.br/index.php/biografia/textos-autobiograficos/225-biografia-redigida-no-ano-de-1976>. Acesso em: 11 jan. 2019.

____. *Fichas 071-072. Varia V e VI*. Belo Horizonte: FAJE, 1987.

____. Ética e civilização. *Síntese Nova Fase*, v. 17, n. 49 (1990) 5-14.

____. Além da modernidade. *Síntese Nova Fase*, v. 18, n. 53 (1991a) 241-254.

____. Ética e comunidade. *Síntese Nova Fase*, v. 18, n. 52 (1991b) 5-11.

____. O ser humano no Universo e a dignidade da vida. *Cadernos de Bioética*, v. 1, n. 2 (1993a) 27-41.

____. Platão revisitado. Ética e metafísica nas origens platônicas. *Revista Síntese Nova Fase*, v. 20, n. 61 (1993b) 181-197.

____. *Depoimento de Henrique Vaz*. Belo Horizonte: FAJE, 1994.

____. Tomás de Aquino. Pensar a metafísica na aurora de um novo século. *Síntese*, v. 23, n. 73 (1996) 159-207.

____. *Escritos de filosofia III. Filosofia e cultura*. São Paulo: Loyola, ²2002.

____. Palavras de agradecimento. In: MAC DOWELL, J. A. (org.). *Saber filosófico, história e transcendência*. São Paulo: Loyola, 2002.

____. Método e dialética. In: BRITO, E. F. de; CHANG, L. H. (org.). *Filosofia e método*. São Paulo: Loyola, 2002c, 9-17.

____. Morte e vida da filosofia. *Pensar*, v. 2, n. 1 (2011) 8-23.

____. *Escritos de filosofia VII. Raízes da modernidade*. São Paulo: Loyola, ²2012a.

____. *Escritos de filosofia VI. Ontologia e história*. São Paulo: Loyola, ²2012b.

____. *Escritos de filosofia IV. Introdução à ética filosófica 1*. São Paulo: Loyola, ⁶2012c.

____. *Escritos de filosofia II. Ética e cultura*. São Paulo: Loyola, ⁵2013.

____. *Antropologia filosófica I*. São Paulo: Loyola, ¹²2014.

____. *Antropologia filosófica II*. São Paulo: Loyola, ⁷2016.

VILLELA-PETIT, M. da P. Depoimento sobre Padre Vaz. In: PERINE, M. (org.). *Diálogos com a cultura contemporânea. Homenagem ao Pe. Henrique C. de Lima Vaz, SJ*. São Paulo: Loyola, 2003.

VYGOTSKY, L. *A formação social da mente*. São Paulo: Martins Fontes, ⁴1991.

Edições Loyola

editoração impressão acabamento

Rua 1822 nº 341 – Ipiranga
04216-000 São Paulo, SP
T 55 11 3385 8500/8501, 2063 4275
www.loyola.com.br